忍者の脳
O cérebro ninja

O CÉREBRO NINJA

DR. FERNANDO GOMES PINTO

APRENDA A USAR **100%** DO SEU CÉREBRO

)|(Academia

Copyright © Fernando Gomes Pinto, 2018
Copyright © Editora Planeta do Brasil, 2018
Todos os direitos reservados.

Preparação: Fernanda Mello
Revisão: Julian Guilherme e Project Nine Editorial
Revisão técnica: Camila Batista dos Santos Cechi
Projeto gráfico e diagramação: Villa d'Artes Soluções Gráficas
Ilustrações: Toninho Euzebio
Capa: Luiz Sanches
Foto de capa: Luiz Ipólito

Dados Internacionais de Catalogação na Publicação (CIP)
Angélica Ilacqua CRB-8/7057

Pinto, Fernando Gomes
    O cérebro ninja : como usar 100% do seu cérebro / Fernando Gomes Pinto. -- São Paulo : Planeta, 2018.
    224 p.

ISBN: 978-85-422-1398-0

1. Não ficção 2. Cérebro. 3. Neurociência. 4. Sucesso.

18-1243   CDD 158.1

Índices para catálogo sistemático:
1. Técnicas de autoajuda

2018
Todos os direitos desta edição reservados à
EDITORA PLANETA DO BRASIL LTDA.
Rua Padre João Manuel, 100 – 21º andar
Ed. Horsa II – Cerqueira César
01411-000 – São Paulo-SP
www.planetadelivros.com.br
atendimento@editoraplaneta.com.br

Dedico este livro para minha amada
esposa Flavia Morais e aos meus filhos
Frederico, Lara, Amanda e Fernando

SUMÁRIO

INTRODUÇÃO... 10
Use 100% do seu cérebro a seu favor......................... 11

ANTES DE COMEÇAR: KIT DE BOAS-VINDAS
Vamos preparar o seu kit de leitura?........................... 19

PARTE UM – CONHEÇA O SEU CÉREBRO
O cérebro e suas principais funções........................... 24
Inteligência... 42
O poder da ginástica cerebral.................................... 56
Como estimular naturalmente a endorfina, a dopamina,
a serotonina e a ocitocina... 64
Sonho, *dèjà-vu* e experiência de quase morte............ 74

PARTE DOIS – DOMINE OS LIMITES MENTAIS
POSITIVOS
Foco... 84
Memória.. 90
Criatividade... 106
Intuição.. 116
Comunicação... 128

PARTE TRÊS – SUPERE OS LIMITES MENTAIS
NEGATIVOS
Supere os limites mentais negativos.......................... 138
Falta de motivação... 140

Baixa autoestima 143

Ansiedade... 146

Estresse.. 148

Vícios... 152

PARTE QUATRO – BRILHE NOS CINCO ASPECTOS DA VIDA

Brilhe nos cinco aspectos da vida............................... 158

Trabalho e estudos 161

Família e relacionamentos.. 163

Diminua o ciúme, aumente o amor.................. 174

Saúde física.. 178

Saúde financeira 191

Lazer.. 195

PARTE CINCO – COLOQUE EM PRÁTICA TUDO O QUE APRENDEU ATÉ AQUI: O CÉREBRO NINJA

Chega de autossabotagem. Use 100% do cérebro a seu favor. Ative o que tem de melhor dentro de você. 200

Neurodicas extras 206

Referências bibliográficas.................................... 218

PREFÁCIO

A combinação do conhecimento técnico-científico profundo e denso no campo da Medicina com a capacidade extraordinária de comunicação oral e escrita é uma característica marcante da trajetória profissional do Dr. Fernando Gomes Pinto.

Dr. Fernando é membro titular da Sociedade Brasileira de Neurocirurgia, professor livre-docente da Universidade de São Paulo e tem se destacado no campo da Neurociência com um grande número de publicações técnicas no Brasil e no exterior.

No entanto, suas atividades profissionais vão muito além dos trabalhos técnico-científicos. Ele tem sido particularmente ativo e criativo nas atividades de extensão e divulgação do conhecimento para um público mais amplo. Ou seja, ele penetra em amplos campos que estão além do domínio dos especialistas. Nesse sentido, Dr. Fernando dá uma contribuição particularmente diferenciada e importante na área da Medicina no Brasil.

Ele é autor de inúmeros trabalhos, inclusive, o livro *Neurociência do amor* em que discute temas como a neuroquímica da paixão e do amor. Além da comunicação escrita, Dr. Fernando tem se destacado por intervenções em diversos meios de comunicação. O seu talento e a sua criatividade se revelam em palestras, eventos corporativos, programas de rádio, televisão e internet (*YouTube*). Nas redes sociais (*Facebook* etc.), ele tem milhares de seguidores.

Dr. Fernando nos brinda com mais um livro em que são aplicados os conhecimentos da Neurociência ao comportamento humano: *O cérebro ninja*. De forma didática e com foco em um amplo público de não especialistas, o autor discute logo no início do livro o cérebro humano, suas principais funções e temas como inteligência e estímulos para o funcionamento do cérebro.

Particularmente interessante no livro é a discussão sobre a superação dos limites mentais negativos como a falta de motivação, baixa estima e ansiedade. O autor também apresenta, com criatividade, algumas ideias de como o indivíduo pode melhorar sua vida em diversos aspectos relevantes como família, relacionamentos, saúde física, trabalho, estudos, situação financeira e lazer.

O livro tem como objetivo alcançar o público leigo, sem familiaridade com assuntos próprios da Neurociência. Ele atinge plenamente esse objetivo. O conhecimento e o talento do Dr. Fernando fazem com que questões científicas complexas sejam transmitidas de forma simples e, ao mesmo tempo, sem perda de conteúdo.

O livro *O cérebro ninja* é uma leitura útil e agradável, no estilo preciso e conciso e, ao mesmo tempo, leve e cativante do autor. Ademais, esse livro preenche uma lacuna na literatura sobre temas relativos ao cérebro humano e aos múltiplos aspectos do seu funcionamento. Certamente, esses temas são de grande interesse para um público amplo de leitores. Sucesso garantido e merecido!

Ronald de Lucena Farias
Presidente da Sociedade Brasileira de Neurocirurgia

Introdução

Use 100% do seu cérebro a seu favor

Chega de autossabotagem, agora é para valer! Depois que fui ao Japão participar do IX Congresso Mundial de Hidrocefalia, em 2017, uma ideia surgiu em minha cabeça: escrever um livro com neurodicas fantásticas para turbinar o cérebro.

O Japão é um país incrível, com uma sabedoria milenar. A língua japonesa estimula o desenvolvimento do cérebro de forma diferente da dos ocidentais. Eles também têm o xintoísmo e o budismo como formas de religar o seu íntimo com a natureza e com a criação. Os japoneses são inteligentes, respeitosos e educados. Eles têm uma culinária diferente e uma forma própria de servir o chá. E os samurais durante muito tempo defenderam o Imperador e organizaram a estrutura tradicional do país. Sem sombra de dúvida, a história do Japão traz um dos melhores exemplos para este livro: os ninjas. Eles foram espiões que viveram na mesma época que os samurais e são um exemplo real de como uma pessoa pode potencializar suas habilidades físicas e mentais com muito treino, inteligência, disfarces e truques para colocar o cérebro para funcionar 100% a seu favor.

Muitos filmes, desenhos e seriados de TV já mostraram os fascinantes ninjas em ação. *O último samurai,* com Tom Cruise, *O mestre,* com Lee Van Cleef, e *Tartarugas ninja,* de Kevin Eastman e Peter Laird, são alguns dos exemplos que com certeza o deixariam boquiaberto e curioso por suas habilidades. Vestidos de preto, apenas com os olhos descobertos, eles possuem armas secretas – muitas delas fatais –, são inteligentes, rápidos, discretos e diversas vezes ficam invisíveis. Dotados da capacidade de correr sobre telhados, de enfrentar mais de dez inimigos de uma só vez e serem praticamente blindados do ataque de qualquer oponente, são capazes de sair de cena numa cortina de fumaça quando o cerco se fecha.

Pensando na vida real, certamente você já teve algum "comportamento ninja" que funcionou e o deixou bastante satisfeito. Por exemplo, já usou determinado tipo de roupa para parecer mais magro numa festa ou então fez o elogio certo na hora certa para alguém. Estudou na véspera para uma prova bem difícil e, usando a intuição, focou exatamente no que foi mais cobrado. Quando você percebe que usou a inteligência com ética e se beneficiou disso, seu circuito cerebral do prazer é estimulado com a liberação de dopamina e você se sente feliz. É disso que vou falar neste livro.

Já apresentei em livros, palestras e no YouTube muitos conceitos de neurociência aplicada ao comportamento. Um deles foi o método ASAS para viver melhor. Trata-se de uma forma simples de colocar em prática um estilo de vida saudável para que seu cérebro funcione com as melhores condições possíveis. ASAS é um acróstico que significa: A = alimentação saudável, S = sono reparador, A = atividade física regular e S = sonhos e metas.

A luz é partícula ou onda eletromagnética? Como já demonstrado pela física quântica, a luz é as duas coisas ao mesmo tempo. Seguindo essa linha, podemos dizer que o cérebro e a mente também são a mesma coisa. Nesse caso, o primeiro é o *hardware* (o computador, a matéria) e o segundo, o *software* (a programação, a energia). A consciência é o ponto de contato entre o cérebro e a mente, e o comportamento humano é a manifestação da consciência. Desde que tenhamos força de vontade, podemos mudar nosso comportamento por meio da educação (em casa e na escola), dos traumas e da terapia cognitivo-comportamental.

Quando a consciência muda, de alguma forma o comportamento também muda. A mente passa a funcionar de maneira diferente e o cérebro, por meio do fortalecimento e da formação de novas sinapses entre os neurônios, se transforma em nível microscópico. Esse processo é conhecido como neuroplasticidade.

Você tem um dos exemplares mais sofisticados do mundo bem atrás dos seus olhos, dotado da capacidade quase infinita de assimilar coisas novas a cada segundo: o cérebro. Utilizamos 100% do nosso cérebro. Chamo a atenção para

INTRODUÇÃO 13

isso porque o maior mito da neurociência é o de que utilizamos apenas 10% dele. Isso não é verdade, é um *neuromito*. Mas a realidade é que nem sempre o usamos a nosso favor. A autossabotagem é real e mais frequente do que se imagina. Por que você não usa 100% do cérebro a seu favor? Usá-lo a seu favor é o que todos querem, mas nem sempre conseguem. Pelo menos, não 100% do tempo. O motivo é simples: para economizar energia metabólica, o comportamento segue padrões. São os comportamentos repetitivos da vida cotidiana. Buscar prazer e fugir do desconforto. O previsível e mais seguro é se comportar assim, e os resultados são quase sempre os mesmos. Ou seja, vivemos numa zona de conforto tentando sempre prever o futuro, nos sentindo pessoas especiais quando as coisas vão muito bem e infelizes e desgraçados quando os acontecimentos são desfavoráveis. Para usar melhor o seu cérebro é preciso agir diferente. Veja bem. Na mão humana há cinco dedos. O polegar faz o movimento de oposição palmar, que é diferente dos demais. A destreza fina e a habilidade manual conferem à nossa espécie a capacidade de utilizar instrumentos. O homem inclusive cria instrumentos que constroem outros instrumentos. Se você parar para pensar, isso é incrível. As mãos representam um importante instrumento executor das vontades do cérebro.

No cérebro humano há cinco lobos. O lobo frontal pensa, cria e imagina enquanto o lobo temporal escuta, memoriza e se emociona. O lobo parietal sente e tem percepção matemática e o lobo occipital enxerga. A ínsula associa as emoções com as sensações. Este livro vai ensinar-lhe a estimular os cinco lobos do cérebro. As associações serão marcantes com o número cinco, por exemplo, em determinada parte do livro, cada dedo da mão irá representar um lobo cerebral. Isso vai ajudar você a incorporar os conceitos importantes para turbinar a sua mente. Por esse motivo escolhi um objeto de cinco pontas como auxílio visual. Será a nossa estrela de trabalho, a estrela do cérebro ninja. Ela é semelhante a uma estrela ninja shuriken, que significa "a lâmina que se atira".

Quando você se sentir perdido, precisando usar 100% da sua mente a seu favor, volte-se para a palma de sua mão e pense no cérebro ninja. Há cinco limites mentais positivos que você precisa dominar (foco, memória, criatividade, intuição e comunicação), cinco limites mentais negativos que você precisa superar (falta de motivação, baixa autoestima, ansiedade, estresse e vícios) e cinco setores básicos da vida que precisam estar sempre ativos na sua mente, como uma estrela brilhante.

Para a sua estrela brilhar, para você ser feliz e aproveitar 100% da vida, todos os setores precisam estar contemplados. Dependendo de sua faixa etária, gênero, personalidade, hábitos ou vícios arraigados, haverá a tendência de predomínio de um ou dois dos cinco setores. É justamente esse ponto que vamos transformar. A partir de uma mudança consciente na forma de pensar, quero que você brilhe também em setores adormecidos, e que muitas vezes estão assim porque você se acostumou à autossabotagem e não se permite ir além desse limite virtual, que na verdade não existe – a bendita "zona de conforto".

Olhe para a palma da sua mão e imagine a estrela do cérebro ninja. Seu shuriken é a palma da própria mão. Seu cérebro, seu gênio da lâmpada particular, só seu, é capaz de lhe proporcionar qualquer experiência no universo. A partir de agora vai usar este recurso. Observe a sua mão:

Polegar (ponta 1): representa o trabalho e os estudos

Indicador (ponta 2): representa a saúde financeira

Médio (ponta 3): representa a saúde física e emocional

Anelar (ponta 4): representa a família e os relacionamentos com os outros

Mínimo (ponta 5): representa o lazer

Pronto! Você já está com uma arma poderosa para aproveitar 100% deste livro e turbinar a sua mente. Se não quiser usar esse recurso, é só pensar em uma estrela de cinco pontas e isso será suficiente para os exercícios aqui propostos.

Você é ninja, o momento de aprimorar as pontas da sua estrela é agora. Leia concentrado. Este livro tem cinco partes, cinco etapas importantes para afiar a sua mente.

Parte 1 – CONHEÇA o seu cérebro. Nessa parte, você vai compreender a máquina e o seu funcionamento.

Parte 2 – DOMINE os limites mentais positivos. Nessa parte, você vai assimilar conceitos e estratégias para aumentar o foco, potencializar a memória, ser mais criativo, usar sua intuição e gerenciar a comunicação.

Parte 3 – SUPERE os limites mentais negativos. Aqui você vai se deparar e aprender estratégias para combater os aspectos mentais que mais sabotam as suas potencialidades: Falta de motivação, baixa autoestima, ansiedade, estresse e vícios.

Parte 4 – BRILHE nos cincos aspectos da vida. Nessa parte, você vai se deparar com a estrela de cinco pontas propriamente dita.

Parte 5 – USE 100% do seu cérebro ninja. Na conclusão do livro, você vai aprender a articular todo o conhecimento organizado nos capítulos anteriores para usar 100% dessa máquina potente a seu favor.

Quero que, ao ler este manual, você faça anotações do que quer para sua vida, para que coloque em prática as ideias aqui expostas e acompanhe mensalmente as suas metas pelo simples ato de observar a palma da sua mão.

 **NEURODICAS**

1. Uma vida primitiva consiste em apenas buscar prazer ou fugir da dor. Viver assim é econômico, mas é também sinal de estagnação na zona de conforto. Isso não leva ao progresso. Por essa razão, mexa-se.

2. A autossabotagem é sua principal inimiga, ela está dentro de você, não nas pessoas. O que as outras pessoas podem fazer contra você se chama sabotagem, mas o poder de uma sabotagem é infinitamente menor do que a gigante autossabotagem.

3. É possível usar 100% do cérebro a seu favor e progredir na vida.

4. Quando você amplia sua consciência, seu comportamento muda para melhor. Por isso conheça, domine-a e brilhe.

5. Os principais aspectos da vida são: trabalho/estudo, família/relacionamentos, saúde física, saúde financeira e lazer. Essas são as cinco pontas da estrela do "cérebro ninja", que é o jeito de usar seu cérebro 100% a seu favor.

ANTES DE COMEÇAR: KIT DE BOAS-VINDAS

VAMOS PREPARAR O SEU KIT DE LEITURA?

✧ Estrela para diagnóstico: com sinceridade, dê uma nota de 0 a 10 para cada um dos cinco setores da sua vida (trabalho/estudo, família/relacionamentos, saúde física, saúde financeira, lazer) e depois complete o pontilhado. Visualmente, quanto mais simétrico, melhor, pois mostra uma vida harmoniosa. Inicie a leitura deste livro pela ponta que recebeu menor nota.

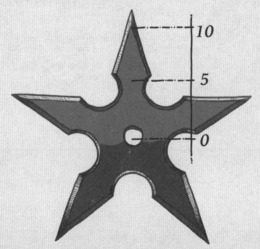

✧ Estrela de cinco pontas: para você escrever e acompanhar mensalmente suas principais metas em cada um dos cinco setores da sua vida: (1) trabalho/estudo, (2) família/relacionamentos, (3) saúde física, (4) saúde financeira, (5) lazer.

⟡ Desenho para você relaxar e aprender a neuroanatomia básica aplicada a este livro enquanto pinta com lápis ou tinta guache:

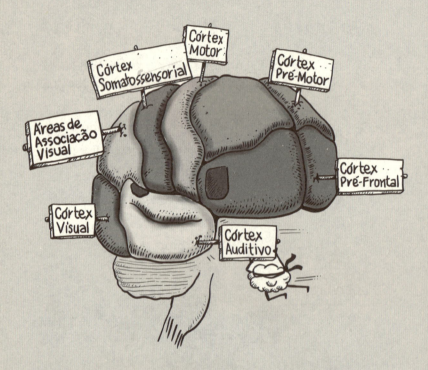

✧ Mantra com cinco informações poderosas para você colocar no espelho do seu banheiro por cinco dias e depois passar para sua carteira:
1. Eu sou feliz.
2. Eu sempre tenho tempo e disposição.
3. Eu faço tudo com atenção, porque faço com amor.
4. Eu faço parte do Universo e as outras pessoas são pessoas como eu.
5. Eu agradeço pelo o que estou vivendo a cada instante, porque toda experiência é útil para o desenvolvimento da minha mente.

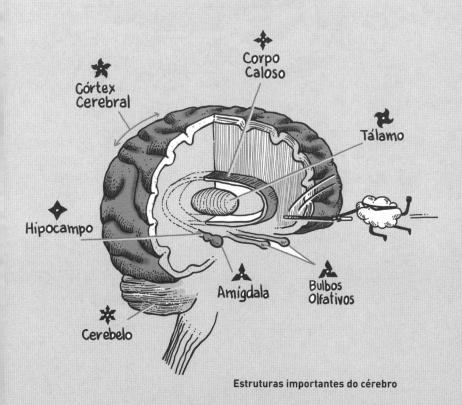

Estruturas importantes do cérebro

1
PARTE UM

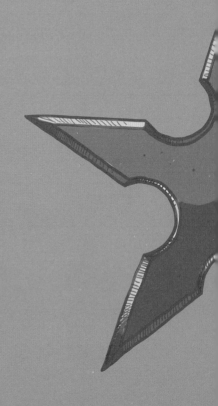

Conheça o seu
CÉREBRO

O cérebro e suas principais funções

Neste capítulo, apresentarei as principais informações sobre o cérebro. A neuroanatomia e a neurofisiologia aplicadas ao comportamento humano serão apresentadas em forma de texto e figuras para colorir. Ao usar a informação visual do livro, você vai assimilar melhor o conteúdo. Experimente.

Assim como em um automóvel, cujo manual de instruções apresenta o nome e a localização das peças para o usuário, trago aqui os conceitos para que você entenda a terminologia sobre o cérebro que vamos utilizar nas próximas páginas. Aproveite.

O SISTEMA NERVOSO

O sistema nervoso central é composto pelo encéfalo, localizado dentro do crânio, e pela medula, localizada dentro da coluna vertebral. As duas regiões se conectam na coluna cervical, localizada entre a cabeça e o pescoço. Os nervos que se comunicam com todo o corpo constituem o sistema nervoso periférico.

O encéfalo é composto pelo cérebro, cerebelo e tronco cerebral e pesa cerca de 1,5 kg, em média com cerca de 86 bilhões de neurônios, que se conectam por meio das sinapses.

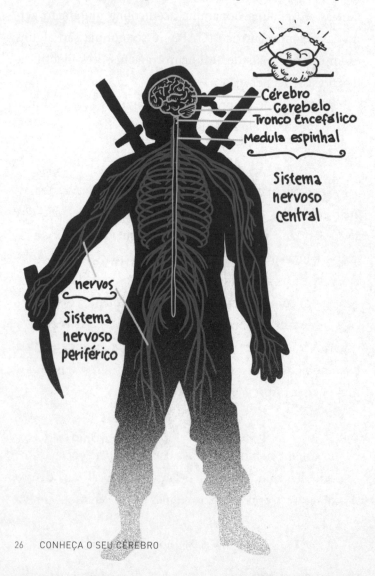

Cada neurônio faz cerca de 10 mil sinapses, que podem ser elétricas ou químicas. Ao passo que as sinapses elétricas não têm neurotransmissores, as químicas os utilizam para transmitir o impulso elétrico de um neurônio para outro.

Um neurônio libera o neurotransmissor e o outro tem receptores que são estimulados ou inibidos por estas substâncias. Adrenalina, dopamina, acetilcolina, glutamato, ácido gama-aminobutírico (GABA) e serotonina são alguns exemplos dos mais de 100 neurotransmissores identificados no sistema nervoso.

A velocidade de propagação do impulso elétrico nervoso pode ser de até 200 m/s (720 km/h).

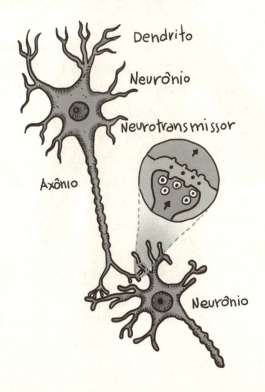

O CÉREBRO

O cérebro é composto pelos hemisférios direito e esquerdo, que são conectados pelo corpo caloso, a estrutura responsável pela troca de informações entre os dois lados.

A parte mais superficial do cérebro é o córtex cerebral, responsável pelas funções cognitivas e pela consciência.

O cérebro tem cinco lobos de cada lado: frontal, temporal, parietal, occipital e ínsula. Um lado do cérebro é relacionado com o outro lado do corpo, porque os neurônios cruzam de um lado para o outro no sistema nervoso central. Assim, quando uma pessoa tem um AVC (acidente vascular cerebral) no lado direito do cérebro, o lado do corpo que fica paralisado é o esquerdo.

O lado do cérebro no qual a linguagem fica armazenada é chamado de hemisfério dominante. Nos destros, o hemisfério dominante é o esquerdo. Isso significa que se este lado for atingido por um acidente ou um AVC, a pessoa pode ficar sem a capacidade de falar, compreender e escrever.

O lobo frontal é o mais anterior, fica atrás da testa e acima dos olhos. Suas funções são criatividade, pensamento, expressão verbal, comportamento, atenção, autocontrole emocional, planejamento e execução do movimento dos músculos do corpo.

O lobo occipital é o mais posterior, fica na região acima da nuca. Sua principal função é a visão. Seus neurônios recebem informações luminosas transformadas em impulsos elétricos na retina dos olhos e que trafegam pelos nervos e tratos ópticos.

O lobo temporal é o mais lateral, e fica logo acima da orelha. Suas funções são relacionadas à audição, à memória, ao reconhecimento de rostos diferentes e às emoções. Nele estão localizados a amígdala, integrante do sistema límbico (parte emocional do cérebro), responsável por emoções instintivas básicas, como o medo e a raiva; e o hipocampo, estrutura responsável pelo processo de memorização.

O lobo parietal fica na parte mais alta da cabeça. Sua principal função está relacionada com a compreensão e a sensação do corpo, como o tato e a temperatura.

A ínsula é um lobo localizado numa parte mais profunda, entre os lobos frontal e temporal. Sua função é interpretar e traduzir sons, cheiros ou sabores em emoções e sentimentos, como desejo, nojo, arrependimento, orgulho, culpa ou empatia.

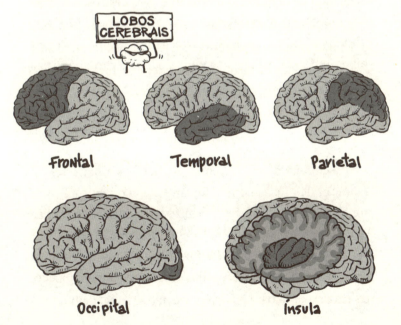

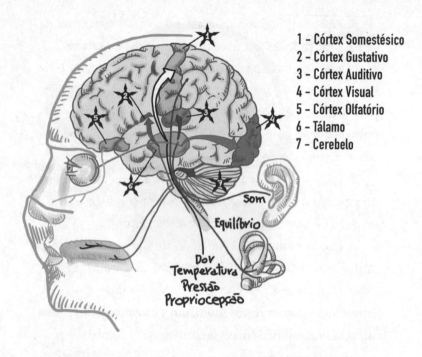

1 - Córtex Somestésico
2 - Córtex Gustativo
3 - Córtex Auditivo
4 - Córtex Visual
5 - Córtex Olfatório
6 - Tálamo
7 - Cerebelo

O sistema límbico é a parte emocional do cérebro. É composto por bulbos olfativos, amígdala, hipocampo, giro para-hipocampal, fórnix, hipotálamo, tálamo, córtex pré-frontal, área septal e giro do cíngulo, que são estruturas cerebrais profundas interconectadas de forma circular do lado direito e do lado esquerdo, e estão relacionadas ao olfato, à memória e ao universo das emoções.

O circuito de recompensa cerebral é o responsável pela sensação de prazer, com a dopamina como neurotransmissor, e é composto pela área tegmentar ventral, núcleo accumbens e córtex pré-frontal. As sensações de alegria e felicidade surgem quando esse circuito é estimulado. Muitos hábitos nocivos, como o uso do tabaco e das drogas e o jogo compulsivo, o sexo desmedido e a gula, parasitam o sistema, mantendo-o

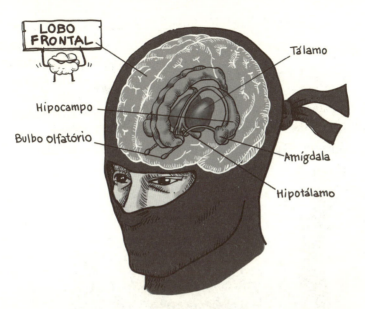

superativado com o comportamento vicioso repetitivo. Por essa razão é tão difícil (mas não impossível!) combatê-los.

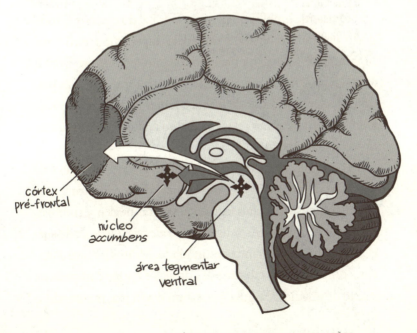

O cérebro do homem é um pouco mais pesado do que o da mulher em razão do próprio peso corporal diferenciado, e o padrão de conexão entre os neurônios dentro do cérebro é um pouco diferente entre os gêneros. Os homens têm mais conexões dentro de cada hemisfério cerebral e mais conexões entre os dois lados do cerebelo, estrutura responsável principalmente pela coordenação motora. Nas mulheres o padrão é

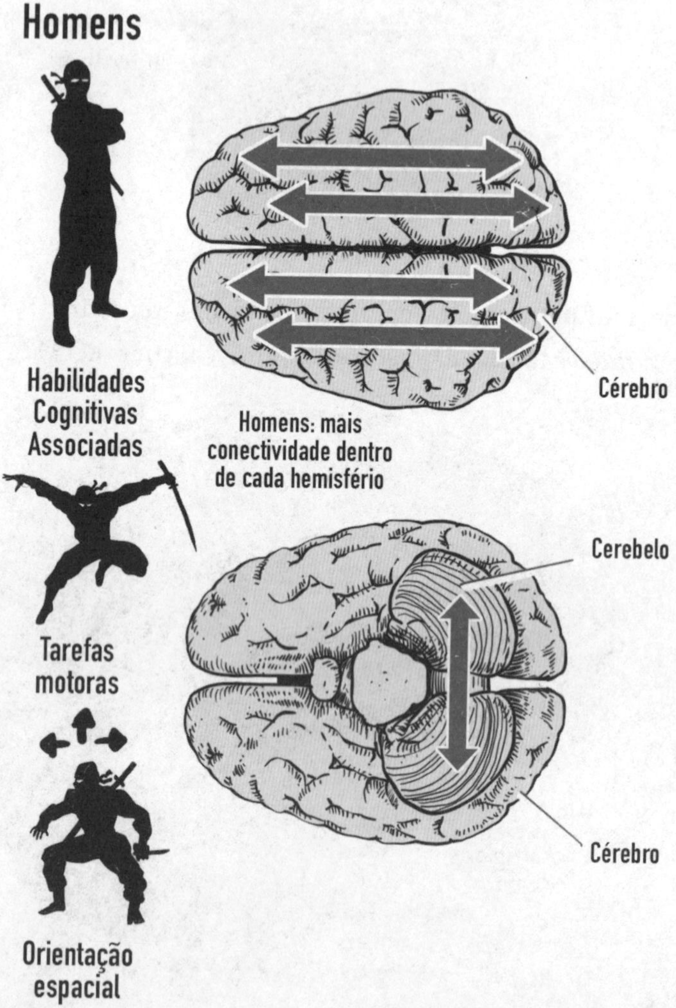

Homens

Habilidades Cognitivas Associadas

Homens: mais conectividade dentro de cada hemisfério

Cérebro

Cerebelo

Tarefas motoras

Cérebro

Orientação espacial

o inverso. Isso explica por que homens e mulheres têm a mesma inteligência em potencial, mas habilidades diferentes.

Os homens se sobressaem em atividades mecânicas, lógica, localização espacial matemática e motricidade robusta. As mulheres se destacam na coordenação motora fina, na linguagem, na encenação, na realização de tarefas simultâneas e na sensibilidade para perceber sentimentos e intenções.

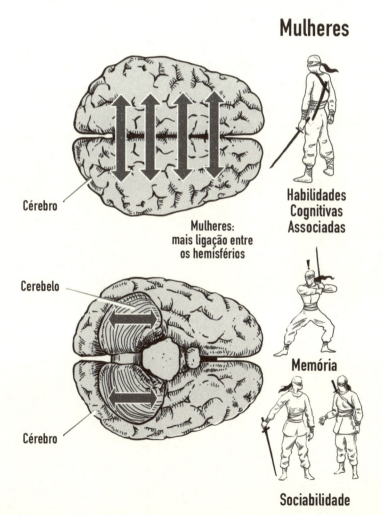

O CÉREBRO E SUAS PRINCIPAIS FUNÇÕES

RESUMO NINJA

✧ Os neurônios são células que se comunicam através de sinapses.

✧ O cérebro tem dois hemisférios unidos pelo corpo caloso.

✧ Cada hemisfério tem cinco lobos: frontal, temporal, parietal, occipital e ínsula.

✧ A parte emocional do cérebro é chamada sistema límbico.

✧ A dopamina é o principal neurotransmissor no circuito cerebral do prazer.

DEZESSEIS PERGUNTAS CIENTÍFICAS SOBRE O CÉREBRO

Para que você tenha ainda mais conhecimento sobre o cérebro, separei dezesseis perguntas que sempre me fazem:

1. **É verdade que usamos apenas 10% do cérebro?** Não. Isso é um verdadeiro *neuromito*. Até seria bom, pois então teríamos 90% a mais para acionar, mas na verdade não é assim. O que é verdade é que todo o nosso cérebro é utilizado, embora seja sempre possível aprender mais. E, pela plasticidade neuronal, mais áreas podem ser acionadas e recrutadas conforme se treina e aprende uma nova habilidade.

2. **Qual a velocidade do pensamento?** Há evidência científica de que, milésimos de segundos antes de você tomar consciência de que quer decidir algo, o cérebro já apresenta atividade elétrica e metabólica. Partindo do pressuposto de que uma sinapse elétrica é instantânea e uma sinapse química (a maioria delas) dura milissegundos, esta pode ser a ordem de grandeza estimada para a velocidade do pensamento.

3. **Os grandes gênios já nascem sabendo? Qual a importância da educação no desenvolvimento mental?** A carga genética da inteligência explica a habilidade inata. Porém, nem tudo é genético. A exposição precoce e a educação adequada potencializam a expressão

da genialidade. Esses processos, se realizados no momento de maior sensibilidade do cérebro (dos 3 aos 6 anos de idade) por meio de exposição pedagógica estratégica, podem propiciar o seu alcance máximo. Como exemplo de que a educação pode determinar a inteligência musical, estima-se que grande parte dos músicos no Japão tenha desenvolvido o ouvido absoluto, que é a capacidade de reconhecer as notas musicais com precisão. Isso porque o método Suzuki estimula primeiro a identificação dos sons e depois o reconhecimento dos símbolos musicais nas partituras. No Ocidente, os japoneses que aprenderam de forma diferente do método oriental não desenvolvem da mesma forma a habilidade de reconhecimento dos sons.

4. **Do que é feito o nosso cérebro?** A composição bioquímica básica do cérebro é de água, proteínas e lipídios e, do ponto de vista celular, possui de 86 a 100 bilhões de neurônios conectados por meio de 40 quatrilhões de sinapses.

5. **Para que servem os neurônios?** Os neurônios representam a unidade funcional do sistema nervoso e têm a função de conduzir impulsos elétricos e estabelecer comunicação entre si através das sinapses, já mencionadas. Por meio de mudanças elétricas e depois bioquímicas, através da facilitação sináptica de redes de neurônios, eles podem memorizar.

6. Para que serve a massa cinzenta e a massa branca?
O termo massa cinzenta se aplica à superfície externa do cérebro. É nessa região que se localizam os corpos celulares dos neurônios. A massa branca fica nas camadas mais profundas e é formada por axônios, que são os prolongamentos de cada neurônio, por onde trafegam os impulsos elétricos. A massa cinzenta é a central de comando e a massa branca, a rede de comunicação entre as diversas áreas de comando do cérebro. Na medula espinhal, que também faz parte do sistema nervoso central, a substância branca fica por fora e a massa cinzenta, na profundidade.

7. Como o homem se diferencia em termos de "capacidade mental" das outras espécies do planeta?
Do ponto de vista físico, o índice de encefalização (relação entre peso do cérebro e peso do corpo) é maior no homem: cerca de 2%. Ou seja, em um homem de 75 kg, o peso do cérebro é 1,5 kg. Para se ter ideia, um elefante africano com peso corpóreo de 5 ton e peso cerebral de 7,5 kg tem o índice de 0,15%. Mas não é a questão do tamanho nem o índice de encefalização que conferem maior capacidade mental à nossa espécie, e sim os lobos frontais superdesenvolvidos, que proporcionam controle dos pensamentos, raciocínio, linguagem, planejamento e imaginação. A grande diferença foi ressaltada a partir do momento histórico que o homem passou a

documentar, de forma organizada e efetiva, suas experiências por meio da escrita. Este conhecimento é passado de geração a geração e, assim, a capacidade mental é potencializada pela educação.

8. Podemos falar em inteligência emocional? Como a inteligência e o desenvolvimento mental atuam sobre a emoção (ou vice-versa)? O termo inteligência emocional foi desenvolvido pelo psicólogo americano Daniel Goleman no livro *Inteligência emocional*. A emoção confere significado à experiência, podendo interferir no desempenho e auxiliar na memorização de fatos vivenciados. Além disso, a capacidade de entender como o outro se sente pode facilitar o exercício da liderança e a redução de conflitos. A inteligência emocional também pode ser desenvolvida.

9. Toda pessoa inteligente tem QI alto? Entende-se por quociente de inteligência (QI) um número atribuído ao desempenho individual em testes que avaliam as diferentes funções cognitivas. Usualmente, pessoas inteligentes têm QI mais alto do que a média da população. Mas há pessoas com capacidades mentais específicas privilegiadas e que possuem QI normal.

10. É verdade que as crianças aprendem mais rápido? Em alguns aspectos, sim. Em geral, elas não apresentam inibição comportamental dos lobos frontais, o que cria o medo de errar. Então, por tentativa e erro, sem a limitação do cálculo de consequências, seu potencial de aprendizado pode ser maior.

11. **Os bebês têm memória? Por que não nos lembramos dos acontecimentos da infância?** Sim, os bebês têm memória. Um bom exemplo é que a maioria dos recém-nascidos é capaz de distinguir a voz materna logo nas primeiras horas de vida. Há indícios de que, no final da gravidez, a memória auditiva de curto prazo já exista, mas, como toda a circuitaria cerebral da linguagem ainda está em desenvolvimento, há uma limitação em se descrever o que foi vivenciado.

12. **Como podemos desenvolver os sentidos, como o olfato e o paladar?** Por meio da exposição a novas experiências, como ingerir alimentos com sabores realçados, o que pode até propiciar mais prazer à alimentação.

13. **Qual a capacidade de armazenamento do cérebro? Poderíamos compará-lo a um HD de computador?** Sua capacidade é de 10 a 100 terabytes (1 terabyte = 1 milhão de megabytes) e sua velocidade de processamento é da ordem de quilo-hertz, muito mais lenta que um smartphone, que trabalha com a ordem de um giga--hertz. Mas, sim, podemos comparar o cérebro a um HD de computador, com sua "memória operacional" (uma função executiva do cérebro) podendo ser comparada à memória RAM.

14. **O que é sinapse?** É a comunicação entre dois neurônios. Há dois tipos de sinapse: a elétrica e a química. A elétrica permite que o estímulo elétrico passe de um neurônio para o outro. A sinapse química é realizada por meio da liberação de neurotransmissores entre os neurônios.

15. **Por que algumas pessoas têm melhor memória do que outras?** Isto é multifatorial. A carga genética, a educação recebida (treinamento ou até mesmo os anos de escolaridade) e a motivação pessoal em relação a determinado tema interferem no desempenho da memória de cada pessoa.

16. **O cérebro japonês funciona diferente?** Sim. Quem nasce no Japão e recebe a educação do país, utiliza mais os dois hemisférios cerebrais desde criança. Um dos principais motivos está na linguagem. Os japoneses têm dois sistemas de escrita. O KANA – sistema silábico e fonético, semelhante a nossa linguagem escrita alfabética e o KANJI – sistema de símbolos usuais que representam ideias (ideogramas). O primeiro sistema, o KANA (hiragana e katagana), é processado no hemisfério cerebral esquerdo, como ocorre conosco das civilizações ocidentais. O segundo sistema, que foi herdado dos chineses, o KANJI, é processado preferencialmente no hemisfério cerebral direito. Para saber mais sobre esse tema, sugiro a leitura do livro escrito pelo professor Raul Marino Jr., *O cérebro japonês*.

Inteligência

Minha definição para inteligência é muito simples e direta. Inteligência é a capacidade de resolver problemas.

Para ser inteligente, você conta com dois trunfos. Um é a sua herança genética, no qual você não pode interferir e, se lhe for favorável, fará com que você desfrute de habilidades mentais com mais facilidade. Outro trunfo é o quanto você foi estimulado a aprender e o quanto tem motivação para estudar. Esse último trunfo você pode turbinar.

Howard Gardner, coordenador de um grupo de pesquisadores da Universidade de Harvard, publicou, em 1975, *The Shattered Mind* [A mente despedaçada, em português] e estabeleceu o conceito das inteligências múltiplas. A primeira edição de *The Shattered Mind* elencava sete tipos de inteligência. Ao revisar a obra, o próprio Gardner acrescentou um oitavo tipo de inteligência à lista: a inteligência naturalista. Outros estudiosos incluem ainda nessa relação aquela que chamam de inteligência existencial, ou inteligência espiritual.

O conceito de inteligência como o potencial biopsicológico para processar informações foi então estabelecido. Esse potencial pode ser ativado, em um contexto cultural específico, para solucionar problemas ou criar produtos que sejam valorizados naquela cultura.

A teoria das inteligências múltiplas afirma que cada indivíduo pode ser agraciado com um ou mais tipos de inteligência muito apurados. Algumas pessoas têm maior aptidão para cálculo matemático, mas não para o relacionamento social; outras têm dons artísticos, mas habilidade de comunicação verbal deficiente. No entanto, em teoria, nada impede que alguém seja contemplado com todas as inteligências – e, ainda que existam pessoas assim, é certo que elas possuem algumas aptidões mais desenvolvidas do que outras.

Vinte anos depois, Daniel Goleman adicionou um tipo de inteligência às já estabelecidas. Ele lançou o conceito de inteligência emocional no livro *Inteligência emocional* e mostrou que, se um QI alto (quociente de inteligência – número obtido a partir de testes psicométricos aplicados por psicólogos habilitados) é capaz de garantir um bom emprego, ter um bom QE (quociente emocional) é o que faz a diferença na vida real.

É a inteligência emocional que pode gerar ótimas promoções no trabalho, bons relacionamentos e resiliência para suportar as adversidades provocadas pelo acaso e pelas circunstâncias da vida. É a capacidade de entender como o outro se sente, como você mesmo funciona e como gerenciar as frustrações e os próprios desejos sem perder o "fio da meada".

Lidar com as emoções é fundamental em qualquer profissão, em qualquer aspecto da vida. Recentemente, a série "Sob pressão", que retratou o lado desafiador da prática da medicina em um hospital público de emergência do Rio de Janeiro, foi exibida na Rede Globo. Os profissionais da saúde precisavam ter muita inteligência emocional para suportar situações adversas numa emergência com falta de recursos. Tenho certeza de que você também tem seus problemas e desafios. Por isso, quero que você se lembre deste texto: para resolver problemas de forma eficiente é necessário ter inteligência emocional. Os ninjas têm isso.

Quando uma criança é muito inteligente, ela vai bem na escola. Verdade?

Não, essa informação não é 100% verdadeira. Hoje se sabe que nem sempre é assim. Às vezes, indivíduos com inteligência muito acima da média enfrentam problemas de adequação social e pedagógica, o que prejudica o desempenho intelectual, fazendo com que o reconhecimento precoce dessa situação seja tão importante.

O mercado de trabalho e o próprio sistema educacional ainda são regulados pelo mito – além de falso, malvado – de que apenas o bom desempenho escolar é um parâmetro confiável para se medir a inteligência e a eficiência de uma pessoa. Por sorte, nas últimas décadas esse conceito está sendo substituído por uma visão bem mais flexível do que pode ser considerado inteligência. Ela pode estar relacionada a qualquer tipo de expressão humana ou sensibilidade específica: cálculo, música, dança, linguagem, liderança, relacionamentos pessoais.

Possuir uma inteligência acima da média é excelente, mas, para que o talento de uma pessoa possa ser desenvolvido de forma saudável, é importante empenho por parte da família, da escola e da sociedade.

O conceito básico de que apenas as notas no boletim sejam capazes de aferir o potencial de um aluno precisa ser constantemente questionado. E tenho certeza de que os pedagogos, especialistas no processo de aprendizagem, adoram essa discussão.

Participei das duas temporadas de *Os Incríveis – o grande desafio*, no canal National Geographic, e por meio dele conheci as mentes mais brilhantes do Brasil. Os participantes desafiaram os limites do cérebro para realizar tarefas dificílimas, como tocar piano com uma das mãos enquanto com a outra resolvia um cubo mágico. Havia jovens com altas habilidades mentais, supermemória, ouvido absoluto, superpaladar ou uma facilidade matemática extraordinária, eram realmente incríveis. Se você nunca viu um superdotado atuando, vale a pena assistir.

No programa *Encontro com Fátima Bernardes*, em 15 de agosto de 2017, conheci o jovem e talentoso Hector Angelo. Tive a oportunidade de conversar com ele e sua mãe nos bastidores e pude extrair algumas neurodicas importantes para quem vive situação semelhante, a de ter um filho com superdotação. Respeitar, estimular e sempre correr atrás de informações novas para permitir o desenvolvimento de todas as dez inteligências.

Os dez tipos de inteligência existem em diferentes graus em cada pessoa, o que uma avaliação especializada pode demonstrar. Mas o que impacta no sucesso e na felicidade é a utilização da inteligência para resolver os desafios e problemas da vida real.

Cada tipo de inteligência aciona um lobo cerebral, assim, se os dez tipos de inteligência forem treinados, você estará estimulando 100% do seu cérebro.

A seguir virá a lista com os dez tipos de inteligência. Sugiro que você leia o texto com uma caneta e faça anotações ao lado dos parágrafos: marque o(s) tipo(s) de inteligência que você julga ter muito desenvolvida(s) e sinalize também aquela(s) que você acredita que está(ão) bem, mas que necessita(m) de um investimento para se desenvolver(em) mais. De forma muito crítica, destaque as capacidades que você definitivamente não possui. Esta autoanálise será muito rica para o propósito de turbinar o cérebro. Identificar os próprios pontos fortes e fracos é o primeiro passo para organizar sua propriedade intelectual e tomar as medidas necessárias para fortalecer 100% do seu potencial. Ou seja, tornar-se mais inteligente.

1. INTELIGÊNCIA LÓGICO-MATEMÁTICA

É apurada em indivíduos com facilidade para a solução de problemas lógicos e numéricos. Esse tipo de inteligência provê facilidade para a abstração e o raciocínio dedutivo.

Matemáticos, filósofos e cientistas têm esse tipo de inteligência muito desenvolvido.

2. INTELIGÊNCIA LINGUÍSTICA

É o talento para lidar com a linguagem em sua forma sonora e gráfica. As pessoas com esta inteligência manipulam com naturalidade as múltiplas possibilidades da união de palavras: frases, discursos, poemas, artigos, livros e idiomas. É a inteligência predominante em poetas, jornalistas, oradores, escritores e linguistas. Também está presente em pessoas capazes de associar palavras a estímulos não verbais, como o perfumista que descreve os aromas de flores, frutas e outros elementos em uma fragrância.

3. INTELIGÊNCIA MUSICAL

É a habilidade para compor e executar padrões musicais e o talento para discernir sons e suas combinações. Para escrever ou tocar uma peça, um grande músico precisa ter bagagem mental que o permita reconhecer uma nota musical quando outro músico a executa. A leitura automática de partituras requer alto desenvolvimento deste tipo de inteligência.

4. INTELIGÊNCIA ESPACIAL

É o talento do arquiteto, do cartógrafo, do jogador de futebol. Esta inteligência consiste na capacidade de compreender o mundo visual com precisão, percebendo sem dificuldade as distâncias e proporções dos objetos físicos nas três dimensões. No jogo de xadrez, por exemplo, um especialista testa mentalmente inúmeras sequências de movimentos no espaço do tabuleiro antes de deslocar uma peça; o estrategista de guerra tem uma habilidade bem parecida, já que o xadrez não passa de uma simulação de batalha. Mesmo um bom taxista, que se move sem GPS pelas ruas de uma cidade grande, é dotado de inteligência espacial desenvolvida. Aliás, um estudo feito em Londres mostrou por exame de ressonância magnética de encéfalo que os taxistas daquela cidade tinham a parte do cérebro responsável pela orientação espacial – os hipocampos – mais desenvolvida do que o resto da população.

5. INTELIGÊNCIA CORPORAL-CINESTÉSICA

É a capacidade de controlar e orquestrar os movimentos do corpo, o que inclui a fala e a expressão facial. É o forte dos dançarinos, atores, ginastas e esportistas. Como exemplo, a inteligência corporal permite ao jogador de basquete calcular a força e a direção que o lançamento deve ter para que a bola alcance a cesta ou um companheiro do outro lado da quadra.

6. INTELIGÊNCIA INTRAPESSOAL

Este tipo de inteligência proporciona à pessoa uma sensibilidade apurada para o autoconhecimento e, por extensão, um talento para compreender a mente humana. É desenvolvida em psicólogos, psiquiatras, poetas e escritores.

7. INTELIGÊNCIA INTERPESSOAL

A inteligência interpessoal confere uma enorme facilidade para captar e compreender as intenções, motivações e desejos dos outros. Os privilegiados por esta inteligência são empáticos, altamente sociáveis e sedutores. Políticos, professores, vendedores e líderes têm esse dom. Se usada para o mal, a inteligência interpessoal pode prejudicar outras pessoas. Ela é a grande arma dos mentirosos, golpistas e estelionatários que se aproveitam da fraqueza ou de ouras deficiências.

8. INTELIGÊNCIA NATURALISTA

É o dom de interagir com a natureza e reconhecer os padrões dos reinos mineral, vegetal e animal. Pessoas inteligentes neste campo também entendem melhor o comportamento biológico, a ação do clima e os processos que transformam a matéria. A inteligência naturalista é exercida pelos biólogos, geólogos, astrônomos, meteorologistas, pescadores, jardineiros e agricultores. É o tipo de inteligência que permite ao *chef* de cozinha imaginar o sabor e as texturas de um prato apenas ao ler a lista de ingredientes.

9. INTELIGÊNCIA EXISTENCIAL

Também chamada de inteligência espiritual, é o talento para lidar com as questões essenciais da humanidade e do Universo. Filósofos e grandes pensadores religiosos são dotados desta habilidade incrível.

10. INTELIGÊNCIA EMOCIONAL

É uma associação especial das inteligências intrapessoal e interpessoal. A pessoa com inteligência emocional desenvolvida é capaz de compreender e controlar as próprias emoções; com pouco ou nenhum esforço, pode também identificar as emoções alheias para reagir adequadamente a elas. Pegue o caso de um policial que negocia situações com reféns: ele precisa da inteligência emocional tanto para manter-se calmo quanto para manter a tranquilidade do criminoso que ameaça a vítima. O mesmo ocorre com qualquer pessoa que trabalhe sob pressão: bombeiros, estudantes em época de provas, médicos em emergências.

Nenhum desses tipos de inteligência anda sozinho. Todas as atividades humanas exigem duas ou mais capacidades específicas. O jogador de futebol, por exemplo, usa muito as inteligências corporal-cinestésica e espacial; o político depende da interpessoal e da linguística, pois a palavra é sua ferramenta; e assim sucessivamente.

TURBINE SUAS INTELIGÊNCIAS

Você também tem mais de um tipo de inteligência. Identifique os seus pontos fortes, mas também procure fortalecer as capacidades menos desenvolvidas.

É natural que você goste mais de executar tarefas nas quais sua inteligência predominante possa agir livremente. Isso gera uma economia de energia metabólica ao cérebro, pois a tarefa é executada quase sempre espontaneamente. É assim que funcionam os testes vocacionais: eles direcionam pessoas com determinados tipos de inteligência para as profissões adequadas. De um jovem que sonha ser engenheiro, por exemplo, espera-se um alto desenvolvimento das inteligências matemática e espacial. Se for diferente, a vocação não bate com o sonho.

Estimular todos os tipos de inteligência com tarefas e atividades desafiadoras vai deixar você mais inteligente.

Espacial
ver o mundo
em 3D

Intrapessoal
entender a si mesmo,
entender o que sente
e o que quer

Linguística
encontrar as palavras
certas para
se expressar

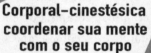

Corporal-cinestésica
coordenar sua mente
com o seu corpo

Interpessoa

Naturalista
entender
os seres vivos
e a natureza

Musical
diferenciar sons,
rítmos, tons
e timbres

OS TIPOS DE INTELIGÊNCIA

Por Mark Vital

Lógico-matemático
fazer e provar
quantificação e
hipóteses

Existencial
questionar o porquê
vivemos e por que
morremos

**Entender os
sentimentos e
motivações das
pessoas**

INTELIGÊNCIA 53

Isso acontecerá devido a um processo neurobiológico chamado neuroplasticidade. É altamente proveitoso buscar atividades que envolvam as inteligências nas quais você é especialmente menos favorecido. É um desafio para o cérebro, uma verdadeira provocação. Assim, se você for vendedor – e, consequentemente, depender muito das inteligências linguística e interpessoal –, procure passatempos que exercitem as outras habilidades. Então: pratique um novo esporte, estude um novo idioma, gaste diariamente um tempo pensando sobre seus sentimentos, faça trilha com os amigos usando apenas mapa, sem GPS, cuide de uma planta em um jardim, aprenda a tocar um instrumento diferente, faça suas contas de supermercado de cabeça, faça sudoku, pratique meditação, questione a função da vida, participe de um trabalho voluntário e tente colocar-se no lugar das pessoas que estão sendo favorecidas e como se sentem com a sua ajuda.

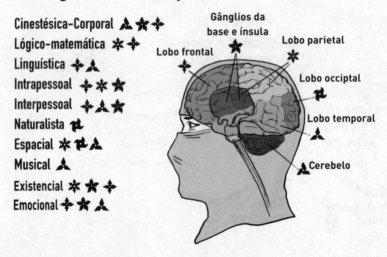

Inteligências Múltiplas no Cérebro

 **NEURODICAS**

1. Inteligência é a capacidade de resolver problemas, ou seja, ter problemas é a forma que você naturalmente tem para desenvolver toda a sua inteligência. Então, sem "mi-mi-mi": se surgir um problema, bata no peito e use sua mente para resolver o desafio.

2. Boas notas no estudo (público mais maduro) não é o único sinal de sucesso, mas também não significa que você não deva estudar ou almejar ter um bom boletim.

3. Inteligência é a soma de sua genética e de quanto você estuda.

4. Há dez tipos diferentes de inteligência, e você tem mais facilidade com dois deles. Portanto, para ficar mais inteligente, estimule aqueles com os quais você tem menos facilidade.

5. A inteligência emocional faz com que você administre melhor as frustrações e saiba lidar com as emoções. Ela deve ser sempre estimulada para que você tenha um cérebro ninja.

O poder da ginástica cerebral

O cérebro consome cerca de 20% da energia do corpo. Considerando que ele pesa em média 1,5 kg, seu tamanho representa 2% do peso do corpo de uma pessoa de 75 kg. Ou seja, ele consome muita energia se consideramos a proporção. Por esta razão, há uma necessidade metabólica de economia de energia para que o cérebro funcione bem.

Sempre que algo é aprendido, fica consolidado em circuitos de neurônios na forma de memória. A transmissão elétrica entre esses neurônios é facilitada e mais rápida, sendo assim mais econômica. Os exercícios para o cérebro estimulam a formação de novos circuitos neurais facilitados.

Exercícios físicos e mentais são fundamentais para manter o cérebro funcionando bem e por mais tempo. Pelo menos trinta minutos de exercícios físicos combinados (aeróbico+força+alongamento), três vezes por semana, são capazes de estimular a formação de novos neurônios nos hipocampos, que são as estruturas cerebrais responsáveis pela memória. Quanto aos exercícios mentais, tarefas que exijam atenção, memória, coordenação motora e tomada de decisões, diferentes daquelas às quais você já está automaticamente habilitado, são as ideais.

A neuróbica foi criada pelo neurocientista americano Larry Katz e publicada no seu livro *Mantenha o seu cérebro vivo*, e, sim, ela funciona. Consiste em estimular a formação de novas sinapses por meio de pequenas mudanças na rotina diária, como forma de exercício. Trocar de mão para escovar os dentes ou para escrever, por exemplo, é bom para o cérebro. O simples gesto de trocar de mão para escovar os dentes, contrariando a rotina e obrigando à estimulação do cérebro, é uma nova técnica para melhorar a concentração, treinando a criatividade e inteligência.

Cerca de 80% do nosso dia a dia é ocupado por rotinas que, apesar de terem a vantagem de reduzir o esforço intelectual, escondem um efeito perverso: limitam a capacidade cerebral. Para contrariar essa tendência, é necessário praticar os chamados "exercícios cerebrais", que fazem as pessoas pensarem somente no que estão fazendo, concentrando-se na tarefa. O desafio da NEURÓBICA é fazer tudo aquilo que contraria as rotinas, obrigando o cérebro a um trabalho adicional.

A velhice pode ser melhor para quem exercitou o cérebro a vida toda, porque esta pessoa criou mais "pacotes de habilidades" ao estimular a formação de mais circuitos neurais. Por exemplo, a pessoa que estudou e fala dois idiomas tem uma "reserva" mental a mais. Se ocorrer um AVC ou Alzheimer, a doença pode impactar menos do que numa pessoa que nunca estudou outra língua.

A vida excessivamente automatizada, como vivemos, prejudica o cérebro sob o ponto de vista da memória e da concentração. A rotina automatizada torna os processos mentais monótonos. Não percebemos, mas deixamos de pensar em muitos momentos da nossa vida. Agimos como robôs fazendo coisas reflexas, sem raciocinar ou criar e perdendo uma chance de exercitar os neurônios. Trabalhos repetitivos, relações interpessoais que caíram na mesmice, falta de projetos, planos, metas, tudo isso leva a uma preguiça cognitiva, prejudicando a memória e a concentração.

Algumas pessoas têm habilidades cerebrais que outras não têm porque diferentes tipos de inteligência existem. A herança genética associada à educação interfere na manifestação das habilidades mentais de cada pessoa. Por exemplo, uma pessoa que consegue falar rapidamente de trás para a frente tem a inteligência linguística privilegiada.

O cérebro de uma pessoa jovem pode ter mais memória do que o de uma pessoa idosa, porque, na jovem, a velocidade de comunicação elétrica entre os neurônios é mais rápida devido à integridade da membrana axonal e da bainha de mielina. Além disso, o número de sinapses funcionantes é maior. Mas quando nosso cérebro é exercitado, novas conexões entre neurônios são formadas.

Nas pessoas que passam por algum trauma ou sofrem de alguma doença é possível exercitar o cérebro a ponto de ele recuperar suas funções ou reduzir a velocidade da piora clínica causada pela doença (Alzheimer, AVC, tumor, hidrocefalia ou trauma) por meio da reabilitação neuropsicológica, que estimula a neuroplasticidade. A neuroplasticidade é a capacidade de outros neurônios realizarem outras funções, por meio de novas sinapses e surgimento de novos neurônios.

A gente não precisa esperar ter uma doença para estimular o cérebro. Devemos sempre encarar novos "pequenos" desafios para manter a mente afiada. Trata-se de um conceito que chamo de "poupança de saúde para o cérebro". Então, aproveite todas as oportunidades que tiver. Ao entrar numa loja de perfume, brinque. Tente memorizar pelo menos cinco fragrâncias diferentes. Compre a que mais gostar ou não.

Ouvir música ou tocar um instrumento musical exercita diversas áreas do cérebro.

A neurodica de ouro para exercitar seu cérebro está no relacionamento com a leitura e a música. Além de mexer diretamente com as emoções, ouvir música, cantar ou tocar um instrumento musical exercita diversas partes do cérebro.

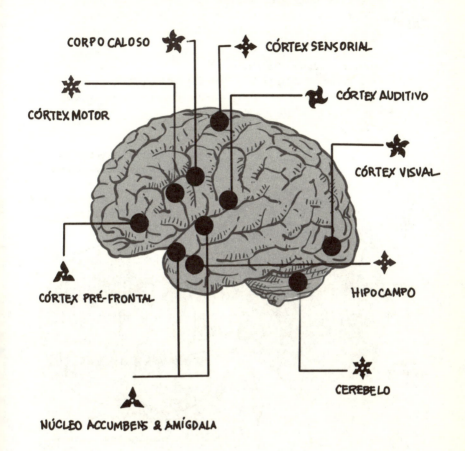

Olfato e perfumes

Otorrinolaringologista Arthur Bittencourt e perfumista Luciana Knobel explicam como sentimos os cheiros

Percepção de odores e fragrâncias

O nariz tem uma mucosa na parte interna superior chamada epitélio olfatório. Ela funciona como uma grande receptora de informações e é por ela que chegam as partículas de cheiro exaladas no ar.

O epitélio olfatório reconhece os cheiros e, por meio dos **neurônios olfatórios** (células nervosas que compõem o epitélio), manda um sinal para o cérebro, avisando qual é essa substância.

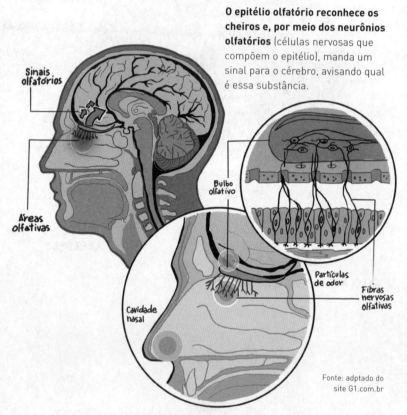

Fonte: adptado do site G1.com.br

Depois de certo tempo sentindo o mesmo cheiro, esse processo de aviso passa a ser feito com menos frequência, já que os neurônios se adaptam a padrões contínuos. Os neurônios que compõem essa mucosa **demoram de 30 a 60 dias para se renovar novamente.**

Perfume

Como escolher
Experimente **quatro aromas** na fita olfativa e dois na pele

Espere um tempo com o cheiro no corpo antes de comprar o produto

Como usar

Fragrâncias especiais são para **momentos especiais**

Como fazer render

Nunca misture perfume com água nem álcool

Como guardar

Mantenha o conteúdo na **embalagem original**

Não deixe o frasco **no banheiro**

O PODER DA GINÁSTICA CEREBRAL 63

Como estimular naturalmente a endorfina, a dopamina, a serotonina e a ocitocina

Há quatro substâncias que funcionam como neurotransmissores e hormônios que têm relação direta com estados mentais experimentados quando se aciona o "cérebro ninja". São neuropeptídios que influenciam nossa vida social. Em algumas publicações, as quatro substâncias são carinhosamente descritas como o "quarteto fantástico", porque as sensações que produzem no cérebro são incríveis.

Muitos medicamentos interferem na liberação e na recaptação dessas moléculas e são utilizados na neurologia e na psiquiatria. São antidepressivos, ansiolíticos, estimulantes da formação de vínculo afetivo e moduladores da dor – medicamentos de receita controlada.

A boa notícia é que você pode estimular naturalmente a liberação dessas substâncias adotando alguns hábitos e valorizando cada momento em que reconhecer e vivenciar isso. O objetivo é simples e a estratégia é certeira. Você vai desenvolver memórias sensoriais agradáveis e saberá o caminho certo para atingi-las sempre que quiser.

Sugiro que você faça anotações ao lado de cada substância e sobre quais serão suas estratégias para estimular cada uma delas.

ENDORFINA

As endorfinas têm relação com a tolerância à dor e com a união social. Para mim, o esporte preferido no Brasil, o futebol, representa a endorfina.

Durante uma partida, todos os jogadores do time têm um objetivo em comum: fazer gol e não ser goleado. Estão unidos por um propósito e jogam organizados em posições bem estabelecidas. Quando um jogador sofre uma falta e se machuca, é comum observarmos que, após a paralisação do jogo – se o trauma não for uma fratura, ruptura de tendão/ligamentos ou lesão muscular severa –, ele volta a jogar normalmente.

Ao realizar exercício físico, como jogar futebol, por exemplo, ocorre naturalmente a liberação de adrenalina e endorfinas. Essas substâncias conferem vigor e certa analgesia ao corpo. A dor fica em segundo plano. O foco é a partida. Popularmente, esse estado físico é denominado como "estar com o corpo quente". Se o jogador se machuca, não sente dor e continua jogando. A sensação dolorosa aparece só depois, quando o corpo "esfria". Ou seja, quando o efeito da endorfina acaba.

Outra forma de estimular a liberação da endorfina é consumir alimentos picantes. A pimenta e o gengibre são ótimas sugestões para temperar a comida e estimular algo mais do que o paladar.

Assistir a filmes tristes causa o mesmo efeito. Segundo pesquisas realizadas na Universidade de Oxford por Robin Dunbar, professor de Psicologia Evolutiva, os filmes dramáticos são os campeões em estimular a liberação de endorfina. Trabalhar em equipe, cantar e dançar são outras atividades que liberam endorfina. A dança, para ser executada corretamente, envolve duas funções cerebrais relacionadas com o conhecimento do corpo:

1. A propriocepção (reconhecimento) – capacidade de reconhecer a localização espacial da cabeça, do tronco e dos membros, sua posição e orientação, a força dos músculos e a posição de cada parte do corpo em relação às outras, sem usar a visão.

2. A coordenação motora (expressão) – capacidade de usar e controlar os músculos para realizar determinado movimento ou atividade.

Além disso, a dança estimula múltiplas funções cerebrais, porque associa a entrada e a saída de informações, respectivamente a música e os movimentos coordenados. É uma forma de extravasar as emoções, o que faz com que a pessoa encare a vida com mais confiança e autoestima – tanto que muitas pessoas tímidas ficam mais desinibidas depois que passam a dançar.

Desenvolver o hábito de dançar melhora a autoestima e dá prazer, porque libera os neurotransmissores da felicidade (endorfina, dopamina, serotonina, adrenalina) e o neurotransmissor da memória (a acetilcolina). Tem efeito semelhante ao do esporte, principalmente quando há preocupação de dançar sempre melhor, além de estimular a socialização.

SEROTONINA

A serotonina e seus receptores no cérebro têm relação com a felicidade e com o bom humor. Pacientes com ansiedade, depressão, tensão pré-menstrual (TPM) e transtorno obsessivo-compulsivo (TOC) podem ser tratados pela psiquiatria por meio de medicamentos que aumentam a biodisponibilidade nas sinapses.

O triptofano é precursor da serotonina e pode ser encontrado na banana, por exemplo. Mas não significa que comer uma penca de bananas vai te fazer feliz. A orientação é ter uma alimentação equilibrada, para que os aminoácidos e nutrientes, como niacina, vitamina B3 e magnésio, estejam disponíveis no seu corpo.

Tomar sol e receber massagens no corpo, no couro cabeludo e na face são estratégias para estimular a serotonina. A luz solar na pele também é importante para manter níveis adequados da vitamina D.

As atividades físicas aeróbicas de longa duração, que utilizam as fibras musculares vermelhas, como, por exemplo, correr, nadar e andar de bicicleta, também propiciam a liberação da serotonina. Quando o processo de transpiração se inicia, o hipotálamo já começou o controle da temperatura corporal para o seu resfriamento. É um bom sinalizador de que a atividade aeróbica também está influenciando a liberação de neurotransmissores, endorfinas e serotonina.

Mas se você é do tipo que prefere coisas mais amenas, saiba que conversar com um bom amigo e recordar momentos felizes estimula a ação da serotonina. Na mesma linha de atitude, aproveite as redes sociais e selecione fotos antigas de momentos especialmente felizes para apreciar e se lembrar das sensações. Essa é a grande vantagem da preferência por postar as melhores fotos, de momentos em que a felicidade e o prazer estavam presentes.

Então, cuide de suas redes sociais com carinho, pois poderão ser muito úteis para manutenção do humor e da sensação de felicidade. Quando você manipular suas postagens antigas no Facebook ou no Instagram, terá contato com boas memórias e liberando serotonina.

DOPAMINA

A dopamina está presente nos relacionamentos amorosos, na motivação, na vontade, no prazer e na sensação de recompensa. Experimentam-se satisfação física e mental quando as estruturas do circuito mesolímbico dopaminérgico são acionadas com esse neurotransmissor – área tegmental ventral, núcleo accumbens e córtex pré-frontal, principalmente. Traduzindo para uma linguagem mais simples, é o circuito cerebral que, quando acionado, produz ao mesmo tempo as deliciosas sensações de disposição, vigor e alegria.

Quando somos atentamente ouvidos, ocorre a liberação de dopamina no cérebro, o que produz bem-estar. Por essa razão, valorize muito os pais, amigos, familiares e as outras pessoas com paciência para escutá-lo. Além do efeito psicológico positivo de se sentir entendido, a dopamina é liberada enquanto acontece sua produção verbal pela linguagem.

Identificar e valorizar os benefícios da vida cotidiana também estimulam a dopamina. Então, quando você não bater o carro, não for assaltado, encontrar um bom lugar para se sentar no cinema, identificar uma vaga livre para estacionar ou para se sentar no ônibus lotado, pare, pense nisso e festeje mentalmente. Isso fará com que seu cérebro seja doutrinado a reconhecer a boa sorte e o privilégio.

O mesmo vale para a organização de metas de curto e longo prazo. Este hábito estimula a dopamina. O primeiro passo em direção a um objetivo merece ser celebrado, assim como o sucesso em uma missão. Não poupe motivos para brindar. Sinalizar para o cérebro que você está satisfeito estimula a criação e a manutenção de um círculo virtuoso e de automotivação.

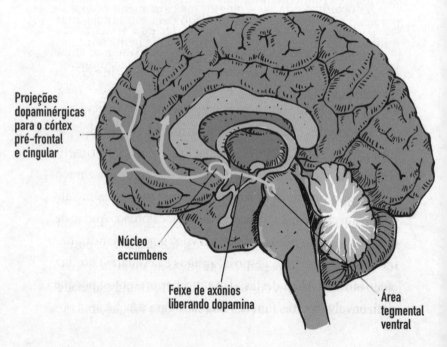

OCITOCINA

A ocitocina é produzida pelo hipotálamo e liberada pela neuro-hipófise. Seu papel é bem estabelecido no parto e na amamentação. Sua atuação no útero da mulher grávida provoca contrações, proporciona o trabalho de parto e consequentemente o nascimento do bebê, além de a substância atuar nas mamas e causar a ejeção do leite.

A ocitocina também tem relação neurobiológica com muitos aspectos do comportamento social e desempenha um papel importante no processo de formação dos vínculos afetivos. As porções mais anteriores do cérebro respondem especialmente à ocitocina, tornando a mente favorável ao processo de fidelização.

Uma forma biológica de produzir mais ocitocina é engravidar. Certamente ninguém vai decidir ser mãe apenas para experimentar o corpo inundado pela substância, mas muitas mães confessam que se sentiram tão bem com a experiência da gravidez, do parto e da amamentação que, se pudessem, gostariam de viver eternamente assim. Ou seja, a ocitocina produz sensações comportamentais deliciosas.

Há atitudes que estimulam a formação de vínculos carinhosos e a liberação de ocitocina. Entre elas, cumprimentar pessoas queridas de forma afetuosa, com um abraço prolongado por cerca de vinte segundos. Isto também vale para o aperto de mão, firme, presente e caloroso. Andar de mãos dadas com pessoas de quem você gosta (crianças, namorado (a), marido ou esposa, amigos e familiares) produz efeito similar. Além destas, dar e receber presentes, porque o ato envolve muitas funções mentais. Para dar: há uma observação criteriosa e a identificação do gosto da outra pessoa, o planejamento para encontrar e adquirir o presente, o preparo da embalagem, a escolha da ocasião e do discurso no momento da entrega do mimo. Para receber: a valorização do tempo e dos recursos dispendidos pela pessoa para selecionar aquele presente que lhe foi dado, a demonstração de gratidão com palavras e gestos.

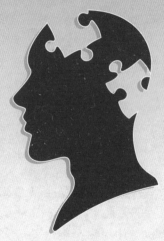

Sonho, *déjà-vu* e experiência de quase morte

1. SONHOS

A memória é composta por três etapas: aprendizado, fixação e evocação. Sabe-se que a fixação ocorre principalmente durante o sono. Somos seres ativamente diurnos, mas passamos ao menos 30% do total de tempo de nossa vida dormindo. Durante essa fase o nível de consciência se transforma.

O sono é composto por estágios. Num estágio denominado sono REM (*Rapid eye movement*) existe intensa atividade elétrica cerebral, mas com relaxamento físico e muscular intenso. É nesta fase específica do sono que ocorrem os sonhos, que são pensamentos produzidos decorrentes de experiências diárias, recordações emocionais ou até mesmo suposição de situações futuras.

Sabemos que sonhos ruins, conhecidos como pesadelos, ocorrem com mais frequência após alimentação noturna exagerada, ingestão de bebidas alcoólicas, suspensão abrupta de certas medicações de ação no sistema nervoso central ou em épocas de muitas preocupações na vida.

Em especial, esta análise emocional profunda sempre esteve presente na humanidade. Isso pode ser lido em passagens bíblicas, em rituais xamânicos ou até mesmo no nosso dia a dia. Freud e Jung atrelaram a experiência onírica ao subconsciente e terapias utilizam dados provenientes dos sonhos.

Sonhar é divertido e inspirador. Ter o hábito de anotar os sonhos pode ser interessante, lúdico e até mesmo esclarecedor. Faça isso como ferramenta para o autoconhecimento. Anote na manhã seguinte o seu sonho e mensalmente leia o que você tem escrito. Você irá se surpreender.

A seguir as questões mais esclarecedoras sobre os sonhos estão respondidas para você:

✧ **O sonho começa a acontecer a partir de determinado estágio de sono? Qual? Isso normalmente se dá quantos minutos após dormimos?**
Uma boa noite de sono é composta por quatro a cinco ciclos de sono. Cada ciclo de sono dura cerca de noventa minutos e é composto por duas etapas fisiologicamente distintas: o sono não REM ou NREM (*Non rapid eye movement*) e o sono REM (*Rapid eye Movement*).

O sono NREM ocupa cerca de 75 a 80% do tempo do sono e divide-se em períodos distintos, os estágios 1, 2 e 3. Mas é durante o próximo estágio do sono, o sono REM que os sonhos ocorrem. A fase REM representa de 20 a 25% do tempo total de sono e surge em intervalos de sessenta a noventa minutos, dura cerca de quinze a vinte minutos e surge após a primeira hora depois do adormecer, ou após iniciar um novo ciclo.

✧ **Quais alterações fisiológicas temos neste estado de sono?**
O sono REM caracteriza-se por uma intensa atividade elétrica cerebral mas com relaxamento dos músculos esqueléticos. Nesta fase, a atividade cerebral é semelhante à do estado de vigília.

✧ **Existe um tempo de duração dos sonhos? Quantas vezes por noite sonhamos?**
Pode-se sonhar de quatro a cinco vezes na mesma noite. Cada sonho pode durar até quinze minutos.

✧ **Todo mundo sonha? Inclusive as pessoas que dizem nunca se lembrar dos sonhos?**
Sim. Todos sonham, mas nem todos recordam do sonho e nem todo sonho é recordado.

✧ **Falando nisso, por que muitas vezes não nos lembramos dos sonhos? Ou lembramos ainda na cama, mas ao se levantar já esquecemos?**

Pelo despertar precoce demais após o sonho ou porque outros ciclos ocorreram e comprometeram a fixação na memória.

◇ **É possível que o sonho de uma pessoa seja igual ao da outra? Por quê?**
Pode ser muito parecido, mas dificilmente igual. Pois o sonho mistura a interpretação pessoal da realidade com imaginação da possível realidade.

◇ **É verdade que quando as pessoas estão roncando elas não estão sonhando? Por quê? Qual a relação?**
O ronco faz com que a qualidade do sono fique comprometida, acumula-se gás carbônico no organismo e provoca despertar precoce. Isso interfere na sequência progressiva dos estágios do sono, inviabilizando períodos prolongados do sono REM, quando os sonhos poderiam acontecer.

◇ **Como explicar o fato de que às vezes acordamos por poucos minutos e quando voltamos a dormir, retomamos o sonho de onde parou? Há uma explicação para isso?**
Quando isto ocorre o indivíduo despertou no estágio REM e ao adormecer novamente, mais rapidamente do que o normal, o individuo atingiu o sono REM. Isto é facilitado ainda mais nesta situação se há forte significado emocional que o tema do sonho pode ter, facilitando a repetição do circuito neural envolvido nesta experiência.

2. DÉJÀ-VU

Trata-se da experiência de familiaridade com um lugar, pessoa ou situação. Do ponto de vista neurológico, observamos pacientes portadores de Epilepsia do Lobo Temporal relatando essa sensação antes de ter uma crise epiléptica.

Parece estar relacionado com o mecanismo neural de memorização e edição emocional de informações.

Religiões que pregam a existência de múltiplas vidas imputam esta sensação à reminiscências de memórias de outras vidas.

O *déjà-vu* acontece quando por uma alteração na via neural de memorização no cérebro, os fatos que estão acontecendo são armazenados diretamente na memória de longo ou médio prazo, sem passar pela memória imediata. Isso provoca a sensação que o fato já ocorreu.

Existe também o *jamais vu*. Trata-se de uma sensação de estranheza frente a uma situação, pessoa ou lugar conhecido. Também está relacionado com o processo de memória, mas nesse caso a amnesia (não recordar) é o problema de base.

3. EXPERIÊNCIA DE QUASE MORTE

Certas pessoas que passaram por situações clínicas extremas (acidentes, cirurgias, internações em UTI) com risco de morte iminente relatam ter experimentado sensações extracorpóreas; um sentimento de paz interior, a sensação de flutuar acima do seu corpo físico, a impressão de estar em um segundo corpo distinto do corpo físico, a percepção da presença de pessoas à sua volta, a visão de seres espirituais ou mortos, visão de 360º, sensação de que o tempo passa mais rápido ou mais devagar, ampliação de vários sentidos, a sensação de viajar através de um túnel intensamente iluminado no fundo.

De um lado, religiões e ciências ocultas explicam isto como "desdobramento", referindo que o espírito (o verdadeiro portador da mente consciente) sai do corpo físico e passa a ter contato com o mundo espiritual, invisível aos olhos humanos.

Por outro lado, estudos observacionais de pacientes que apresentam o **funcionamento do lobo parietal direito comprometido** por lesões relatavam a experiência de uma forte sensação de pertencimento a um plano divino ou proximidade com Deus. As lesões cerebrais do lado direito podem diminuir a consciência e a atenção do indivíduo sobre si mesmo. Desta forma, é possível supor que quando o cérebro se concentra menos no próprio indivíduo, com a diminuição da atividade do lobo direito por uma lesão pós traumatismo de crânio, por exemplo, há uma espécie de transcendência em que a pessoa se sente parte de algo maior, que pode ser entendido como uma ligação com o plano divino.

2
PARTE DOIS

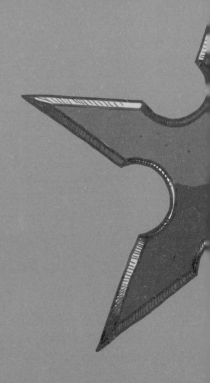

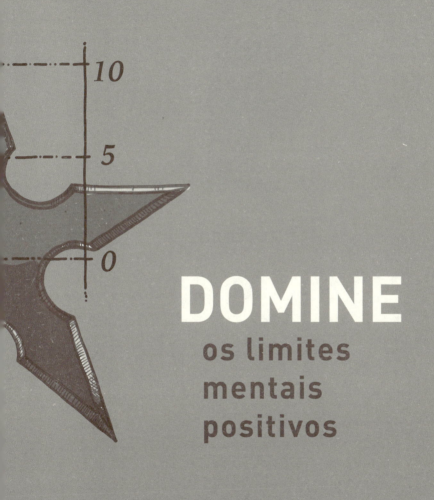

DOMINE
os limites
mentais
positivos

Foco

 Foco é atenção concentrada. Algumas pessoas conseguem ter mais foco do que outras porque realizam atividades que gostam de verdade. Isso também faz com que busquem desafios cada vez maiores. Ao alimentarem a motivação constantemente, aumentam o poder de foco. É um círculo virtuoso.

 Mas se você tem dificuldade, a neurociência tem uma boa notícia: é possível exercitar nossa capacidade de estabelecer um foco. Primeiro, com a adoção de um estilo de vida saudável, com sono regular principalmente. Depois, evitar fazer muitas coisas ao mesmo tempo, dedicar um tempo diário ao ócio, sem interrupções, ter contato com a natureza e praticar atividade física regular.

O fato de realizar muitas coisas ao mesmo tempo faz com que a gente perca o foco. Esse hábito, estimulado pelo uso dos smartphones diminui a capacidade de concentração porque divide a atenção em mais de dois assuntos. A informação em excesso e as distrações produzidas pela tecnologia estão formando uma geração de indivíduos sem foco, com dificuldade de sustentar a atenção.

É o preço que pagamos por estarmos o tempo todo conectado no mundo virtual. Isso tira o foco do presente, do mundo real e põe o foco no mundo virtual. As pessoas ao redor interpretam isso como falta de foco. Nem sempre é verdade. A pessoa pode estar focada na informação digital. Socialmente, isto pode não ser bem-visto, nem agradável.

Ter metas a serem atingidas ajuda a ter mais foco na vida. Estar sempre repetindo para nós mesmos que metas são essas é benéfico para atingir nossos objetivos. O melhor caminho é o meio-termo. Muito foco, muita meta, pode criar muita ansiedade e muita autocrítica, principalmente se os resultados não forem espetaculares. Por outro lado, criar metas e checá-las periodicamente é a receita básica e eficaz do progresso e do sucesso sustentado.

Segundo os estudos do psicólogo norte-americano Daniel Goleman, Ph.D. da Universidade de Harvard, existem três tipos de foco: o interno, o externo e o empático. O foco interno é a capacidade de se concentrar, apesar das distrações que existem à sua volta. O foco externo é a habilidade de analisar o ambiente. O foco empático é a faculdade de concentrar sua atenção em uma pessoa. Cada tipo de foco desta classificação é usado em situações especiais.

O foco interno é o que faz um estudante, por exemplo, se motivar, ter planos e gerenciar seu tempo de estudo. Todo mundo precisa tê-lo.

O foco externo auxilia no entendimento do panorama real. Com ele você busca notícias e informações importantes, como quem são seus concorrentes e quais novidades são relevantes para sua tarefa.

O foco empático é importante para exercer uma boa liderança no grupo. Ele é o jeito como entendemos, falamos e conduzimos outras pessoas.

Existem alimentos que estimulam a concentração. O café, o chá verde, o chá preto e o chocolate contêm cafeína. Essa substância ativa o sistema de alerta e combate o cansaço mental. O chocolate também favorece a liberação de endorfina que ajuda diminuir o estresse. Para essa função, o chocolate amargo é o mais indicado. Quanto ao café, não consuma mais do que cinco xícaras ao dia porque pode atrapalhar o sono. Uma colher em pó de ginseng diluído num copo de suco aumenta a concentração, algumas ervas como a sálvia também.

Existem cinco exercícios simples que ajudam a exercitar nosso foco.

EXERCÍCIO 1: Durante uma tarefa que exija concentração, como estudar por exemplo, quando perceber queda no rendimento, pare tudo que estiver fazendo. Feche os olhos, preste atenção apenas na sua respiração. Inspire e expire lentamente dez vezes. Abra os olhos e volte à sua atividade.

EXERCÍCIO 2: Caça-palavras. Esse exercício treina o foco.

EXERCÍCIO 3: Mantenha uma conversa num ambiente progressivamente barulhento. Este exercício treina o foco, mesmo que o ambiente tente distrair você.

EXERCÍCIO 4: Aprenda uma arte marcial. Milenarmente as artes marciais orientais pregam um padrão de comportamento mental para o aumento da potência, força e agilidade. Estamos falando da mesma coisa. Por meio da movimentação de músculos do corpo, o cérebro executa sua vontade e muda o mundo físico ao redor do indivíduo. Quando não executamos os atos de uma forma mecânica, podemos interferir no resultado para melhor. Exemplo: andar distraído é diferente de caminhar atento ao solo. Para "economizar" energia metabólica o cérebro utiliza o caminho do aprendizado do movimento, tornando-o "mecânico". Assim quando se está aprendendo uma arte marcial como o ninjutsu, muita atenção é despendida para tornar os golpes automáticos e ao mesmo tempo saber escolher quando aplicá-los. Depois de aprendido, sob efeito da motivação maior de uma missão específica, não se pensa em como "lutar", apenas se "luta" da forma mais intuitiva possível. Mas ao se escolher estratégias para vencer a luta, o comportamento mental desempenha papel decisivo.

EXERCÍCIO 5: Pratique meditação diariamente, com isso a área cerebral responsável pela concentração será estimulada.

Dica importante: o transtorno do déficit de atenção e hiperatividade é um problema neuropsiquiátrico desafiador para os pais e educadores de crianças com incapacidade de sustentar a atenção e o foco. Mas, como usar o cérebro a favor dessas crianças? Dificuldade de aprender no início da fase escolar, de fixar os ensinamentos e de se portar de forma socialmente adequada. Geralmente muito agitadas, falantes e até mesmo inconvenientes, as crianças vítimas da hiperatividade são acometidas em cerca de 3 a 5% entre 6 e 12 anos, mas 50% delas apresentam melhora do quadro na fase adulta. No entanto, a dificuldade em se concentrar e controlar impulsos pode estar "escondendo" certas características positivas, como: inteligência privilegiada, talento criativo e desenvolvimento positivo do afeto e da intuição. O tratamento adequado e reconhecimento do problema, ajudam a tornar as características positivas ainda maiores do que as negativas. O problema está relacionado basicamente com o funcionamento dos lobos frontais e dos neurotransmissores dopamina e noradrenalina. Existem tratamentos neurológicos para esses casos que envolvem medidas pedagógicas, medicamento, neuropsicologia, psicopedagogia e, claro, o apoio familiar. Medidas simples como encontrar um esporte prazeroso e de curta duração, cerca de trinta minutos apenas, e que não seja competitivo, mas sim interativo com outras pessoas, ajuda muito. Uma opção interessante é dar preferência para as modalidades que não exigem contato físico, por exemplo, tênis, natação, golf, arco e flecha. Os pais têm grande influência sobre o sucesso no desenvolvimento dessas crianças. Os aspectos positivos e os bons resultados, quando aparecerem de verdade, devem ser elogiados. A punição excessiva e as críticas destrutivas precisam ser evitadas, pois podem provocar o rancor, a mágoa e diminuir a autoestima.

Memória

"A concentração é a raiz de todas as grandes habilidades de um homem."

Bruce Lee

Tem gente que já tem uma memória invejável, mas para a maioria das pessoas para ter uma boa memória, é preciso praticar. Nesse aspecto o cérebro funciona de forma semelhante aos músculos. Se você quer ficar mais forte, vá para a academia e treine. Seus músculos vão ficar potentes e saudáveis. Se você quer ter uma boa memória, pratique e treine também o seu cérebro. Sua mente vai ficar afiada e seus neurônios, saudáveis.

A memória pode ser classificada quanto ao tempo em retrógrada, que é a capacidade de lembrar coisas que ocorreram no passado e a anterógrada que é a habilidade em guardar coisas que estão acontecendo. Nesta última podemos incluir a memória futura, que é a capacidade de lembrar em tempo certo de uma ação que precisa ser feita. Por exemplo, lembrar na hora certa que é preciso tomar um remédio. O termo amnésia global é utilizado para a situação na qual a pessoa não sabe quem é e onde está, além de ser incapaz de reter novas informações. Por sorte, essa situação não é tão comum nem permanente.

Para desenvolver sua memória é preciso que você entenda que existem basicamente dois tipos de memória quanto à duração. A memória de curto prazo e a de longo prazo. É trabalhando nesse conceito que você pode turbinar o seu cérebro e desenvolver sua memória.

A memória de curto prazo acontece no córtex pré-frontal que é a parte mais anterior dos lobos frontais. Ela serve para gerenciar a realidade. Por exemplo, para você entender este texto até aqui, você está usando a memória de curto prazo ou memória de trabalho. Se ela não funcionasse bem, você não conseguiria entender o sentido de um capítulo, porque no parágrafo seguinte você teria esquecido o anterior. Em média uma pessoa consegue reter na memória de curto prazo de 5 a 9 informações diferentes ao mesmo tempo.

Se o acontecimento tem importância emocional, ou se é exposto muitas vezes à sua memória de curto prazo, ele pode ser armazenado por mais tempo. Nesse caso é a memória de longo prazo que entra em ação. **Este tipo de memória tem os hipocampos como os responsáveis pelo processo de fixação das informações em forma de sinapses facilitadas.** Por isso, de tanto você usar uma senha que foi escolhida um dia, sempre que precisar ela está disponível para você. Esse processo acontece nos lobos temporais.

Hoje sabemos que a prática regular de exercícios físicos estimula a formação de novos neurônios nos hipocampos, por isso se quer ter boa memória, mexa-se.

Para se memorizar qualquer coisa e lembrar depois, três passos devem acontecer:

Primeiro passo é a Aquisição – prestar atenção e com isso a informação fica temporariamente na memória de curto prazo. Este primeiro processo é apenas elétrico e transitório nos neurônios dos lobos frontais. Ou seja, a informação não fica guardada para sempre. Por isso, ter concentração é importante para manter a informação que você quer memorizar na sua consciência.

As medidas específicas para melhorar a aquisição são:

✧ Aumentar o poder de concentração.
✧ Prestar atenção com mais de uma sensação (associar: visão, tato, paladar, olfação e audição).
✧ Ter amizades boas e ativas.
✧ Ser curioso.

Segundo passo é a consolidação – para fixar uma informação, é fundamental que ela seja marcante e importante para você ou que a informação seja apresentada diversas vezes para o seu cérebro, de forma verbal e visual. A consolidação acontece nos lobos temporais, mais precisamente no hipocampo. Esta estrutura é vizinha da amígdala cerebral, que faz parte do sistema límbico – circuito relacionado com as emoções e com o olfato. Então, se a informação for repetida muitas vezes e houver relevância emocional de qualquer tipo (alegria, tristeza, nojo, medo, raiva ou surpresa) e ainda por cima houver um cheiro específico relacionado... Bingo! Grande chance de se tornar uma memória de longo prazo. Este processo de consolidação da memória não é apenas elétrico e transitório, ele também é bioquímico e existe mudança de verdade nas sinapses envolvidas, de forma que o trânsito do estímulo elétrico nesses neurônios fica mais rápido e eficiente. Por isso que estudar mais de uma vez a mesma matéria favorece a memorização do conteúdo, assim como quando você estuda apenas na véspera da prova, mesmo que você tire uma boa nota, você percebe que quase tudo que estudou vai embora logo no primeiro banho após o teste.

Um detalhe importante. A consolidação do que você experimentou em um dia, acontece durante o período do sono. Portanto, dormir bem é fundamental para ter uma boa memória.

As medidas específicas para turbinar a consolidação são:

◇ Repetição.
◇ Sono de qualidade. Em 2012, um estudo australiano mostrou que dormir à noite pelo menos seis horas e trinta minutos e tirar uma soneca após o almoço, está relacionado com pelo menos dez anos a mais de boa cognição e boa memória.

◇ Atividade física, que estimula a neurogênese (formação de novos neurônios) nos hipocampos.

Terceiro passo é a evocação – para evocar uma informação consolidada é importante um gatilho. Este estímulo pode ser uma pergunta feita por alguém, um lembrete, uma associação livre, um cheiro ou a necessidade de fato da informação para resolver um problema. O famoso "deu branco" na prova acontece porque você não conseguiu trazer para sua consciência nos lobos frontais a informação que estava consolidada nos lobos temporais. A causa disso pode ser atribuída à ansiedade ou ao cansaço. Então, descanse e sempre mantenha a calma.

A melhor forma de lembrar da matéria estudada durante uma prova é ter várias dicas criadas por você mesmo para recordar palavras-chave ou desenhos esquemáticos sobre o conteúdo. Estou falando de associações com coisas que você já sabe decor ou então com histórias bem fáceis de memorizar. **Veja o exemplo da tabela periódica – frases criadas com a inicial do nome do elemento químico facilitam o processo de memorização.**

TABELA PERIÓDICA DOS ELEMENTOS

1	2	3	4	5	6	7	8	9	10	11	12	13	14	15	16	17	18
1 **H** Hidrogênio																	2 **He** Hélio
3 **Li** Lítio	4 **Be** Berílio											5 **B** Boro	6 **C** Carbono	7 **N** Nitrogênio	8 **O** Oxigênio	9 **F** Flúor	10 **Ne** Neônio
11 **Na** Sódio	12 **Mg** Magnésio											13 **Al** Alumínio	14 **Si** Silício	15 **P** Fósforo	16 **S** Enxofre	17 **Cl** Cloro	18 **Ar** Argônio
19 **K** Potássio	20 **Ca** Cálcio	21 **Sc** Escândio	22 **Ti** Titânio	23 **V** Vanádio	24 **Cr** Cromo	25 **Mn** Manganês	26 **Fe** Ferro	27 **Co** Cobalto	28 **Ni** Níquel	29 **Cu** Cobre	30 **Zn** Zinco	31 **Ga** Gálio	32 **Ge** Germânio	33 **As** Arsênio	34 **Se** Selênio	35 **Br** Bromo	36 **Kr** Criptônio
37 **Rb** Rubídio	38 **Sr** Estrôncio	39 **Y** Ítrio	40 **Zr** Zircônio	41 **Nb** Nióbio	42 **Mo** Molibdênio	43 **Tc** Tecnécio	44 **Ru** Rutênio	45 **Rh** Ródio	46 **Pd** Paládio	47 **Ag** Prata	48 **Cd** Cádmio	49 **In** Índio	50 **Sn** Estanho	51 **Sb** Antimônio	52 **Te** Telúrio	53 **I** Iodo	54 **Xe** Xenônio
55 **Cs** Césio	56 **Ba** Bário	57 **La** * Lantânio	72 **Hf** Háfnio	73 **Ta** Tântalo	74 **W** Tungstênio	75 **Re** Rênio	76 **Os** Ósmio	77 **Ir** Irídio	78 **Pt** Platina	79 **Au** Ouro	80 **Hg** Mercúrio	81 **Tl** Tálio	82 **Pb** Chumbo	83 **Bi** Bismuto	84 **Po** Polônio	85 **At** Astato	86 **Rn** Radônio
87 **Fr** Frâncio	88 **Ra** Rádio	89 **Ac** ** Actínio	104 **Rf** Rutherfórdio	105 **Db** Dúbnio	106 **Sg** Seabórgio	107 **Bh** Bóhrio	108 **Hs** Hássio	109 **Mt** Meitnério	110 **Ds** Darmstácio	111 **Rg** Roentgênio	112 **Cn** Copernício	113 **Nh** Nihônio	114 **Fl** Fleróvio	115 **Mc** Moscóvio	116 **Lv** Livermório	117 **Ts** Tenesso	118 **Og** Oganessônio

*	58 **Ce** Cério	59 **Pr** Praseodímio	60 **Nd** Neodímio	61 **Pm** Promécio	62 **Sm** Samário	63 **Eu** Európio	64 **Gd** Gadolínio	65 **Tb** Térbio	66 **Dy** Disprósio	67 **Ho** Hólmio	68 **Er** Érbio	69 **Tm** Túlio	70 **Yb** Itérbio	71 **Lu** Lutécio
**	90 **Th** Tório	91 **Pa** Protactínio	92 **U** Urânio	93 **Np** Netúnio	94 **Pu** Plutônio	95 **Am** Amerício	96 **Cm** Cúrio	97 **Bk** Berquélio	98 **Cf** Califórnio	99 **Es** Einstênio	100 **Fm** Férmio	101 **Md** Mendelévio	102 **No** Nobélio	103 **Lr** Laurêncio

Figura 2 – Tabela periódica.

1A – Hoje Li Na Kama Robinson Crusoé em Francês.

2A – Bela Margarida Casou com o Senhor Bartolomeu Ramos.

3A – Bom, Algum Gato Invadiu o Telhado.

4A – Casou Silicia Germana com Senador Paraibano.

5A – Nossos Pais Assam Saborosos Bifes.

6A – Os SeTe Porquinhos.

7A – Foram Clamados Bravos Índios Ateus.

8A – Hélio Negou Arroz a Kristina e foi pra Xerém com Renata.

1B – Cuspi no cão de Agnaldo, ele fez Au

2B – Zenilda tem Cada Holograma

3B – Sócios Ygnorantes Lavam Ácaros

4B – Tio Ziro viajou com Half e Rafa

5B – Vi o Nobel, ele Tá Débil

6B – Creunice Morou com Walter Sargento

7B – Minha Torcida é de Recife

8B – Conheci a RH, Irmã do Mateus

As medidas específicas para afiar a evocação são:

- ◇ Dicas e estratégias mnemônicas. Consiste em se utilizar algo que você já saiba, para memorizar uma coisa nova. Por exemplo, colocar uma fórmula de Geometria numa música ou poesia famosa: "Minha terra tem palmeiras onde canta o sabiá, seno A cosseno B = seno B cosseno A".

- ◇ "Palácio da memória". Este artifício já era praticado na Grécia antiga. Consiste em organizar os itens a serem memorizados em "cômodos" como se fosse uma casa. Por exemplo, se você precisa memorizar uma lista de 27 palavras, sabendo que a memória de curto prazo funciona bem com até 9 informações, organize os compartimentos. Mentalmente organize em 3 listas de 9 palavras e imagine cada uma destas listas em uma parte da casa. Na cozinha coloque o que for de comer, na sala coloque os objetos e na garagem coloque as palavras que pareçam ferramentas. Fazendo associações criativas você conseguirá memorizar mais informações ainda.

- ◇ Agenda e despertador. Esta estratégia promove organização à sua vida, além de auxiliar de fato na lembrança de coisas importantes na linha do tempo do seu dia a dia.

- ◇ Palavras-cruzadas, jogo da memória e jogo dos sete erros. Há evidências científicas que ter o hábito de fazer palavras-cruzadas diariamente oferece pelo menos dois anos e seis meses a mais de boa memória.

Determinadas substâncias atrapalham o processo de memorização. O álcool e os medicamentos hipnóticos, calmantes e os soníferos são os maiores culpados. Em outros casos, a falta pode atrapalhar. Mas uma alimentação estratégica pode garantir tudo o que é necessário para se ter uma boa memória. Ovos, peixes e beterraba – um prato desses contém o trio da boa memória:

- ✧ O ômega 3, por exemplo, está presente em alimentos como peixes de águas frias – salmão, atum e bacalhau.
- ✧ A acetilcolina e vitaminas do complexo B estão presentes na gema dos ovos.
- ✧ Os nitratos aumentam a irrigação do sangue no cérebro e estão presentes nos alimentos como repolho roxo, beterraba, espinafre, nabo, rabanete e aipo.

Alguns aromas também ajudam a memória. O difusor de aromas pode ser empregado em ambientes de estudo e o alecrim é óleo essencial indicado para isso. Há trabalhos científicos mostrando que sua inalação pode aumentar o poder de memorização e tem relação com aumento do nível do neurotransmissor acetilcolina no cérebro. Mais pesquisas precisam ser feitas, porém esta informação já á é um bom sinal.

É atribuído às mulheres melhor capacidade de memorização, quanto à evocação da quantidade de informações e da riqueza de detalhes. Existe correlação entre os hormônios femininos, estradiol e progesterona, com a performance mnemônica. Depois da ovulação e durante a gestação, os níveis da progesterona estão maiores e isto atrapalha a memória. Conforme a idade avança em direção à menopausa os níveis de estradiol reduzem e isto também atrapalha a memória.

A memória para habilidades, como andar de bicicleta, dançar, tocar um instrumento ou até mesmo escrever, utiliza outras regiões do cérebro para gravar o "como fazer". É no córtex motor suplementar dos lobos frontais, nos gânglios da base e no cerebelo que estas informações ficam arquivadas. Antes de aprender uma habilidade nova, observamos alguém fazendo aquilo. Por exemplo, se você quer aprender a patinar, primeiro você observa a patinação. O interessante é que só de observar a ação, existem neurônios, conhecidos como "neurônios em espelho" que já ficam ativos com a imaginação de estar realizando a tarefa, no caso do nosso exemplo, patinando. Por isso, que para memorizar esse tipo de capacidade, a dica é observar bastante e imaginar você fazendo aquilo como se já soubesse, antes mesmo de tentar.

Certa vez, conversando com a estrela do basquete feminino brasileiro, a Hortência Marcari, ela me contou que antes dos jogos, ela já imaginava todas as situações possíveis que poderiam acontecer na quadra, de forma que mentalmente ela já tinha jogado a partida que iria acontecer. Segredo do sucesso, cesta! Quando eu vou fazer uma cirurgia o processo é o mesmo. Analiso com minha equipe os exames de neuroimagem (tomografia e ressonância magnética), planejo o melhor acesso cirúrgico e já imagino tudo o que sei e que vou fazer na operação. Com isso o ato motor é automático e minhas mãos manuseiam os instrumentos de forma harmônica e rápida como se eu já soubesse operar desde que eu nasci.

Memorizar, lembrar e reconhecer o rosto de uma pessoa é muito importante para o convívio social e até mesmo para preservar a vida. A percepção de faces é uma das funções mais desenvolvidas do cérebro, e durante a vida dedicamos mais tempo observando-as do que qualquer outro tipo de coisa. O papel fundamental do processamento de rosto é identificar a pessoa que estamos observando. Rosto amigo e confiável, de pessoa conhecida ou desconhecida. Uma criança, por exemplo, reconhece rapidamente o rosto de seus pais e com isso ela sabe a quem se referir quando precisa de algo, além de protegê-la de ser levada por estranhos. **Na parte inferior dos lobos temporais existe o giro fusiforme que é responsável por esta tarefa: reconhecimento de faces.** Pacientes que sofreram lesão dessa parte do cérebro, por um acidente, AVC ou tumor, podem manifestar a prosopagnosia – que é a incapacidade de reconhecer e lembrar de rostos de pessoas conhecidas.

Ao olhar rapidamente as **figuras a seguir** na da esquerda se vê a silhueta de um homem tocando saxofone e ao acrescentar uma pequena imagem ao lado na figura da direita caracterizamos um rosto – o cérebro faz isto, pois imagens que lembrem rostos são muito estimuladas durante toda a nossa vida e então nossa memória nos induz a essa percepção preferencial.

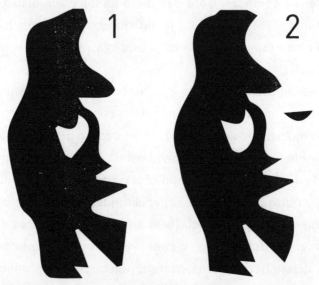

Efeito visual: saxofonista ou o rosto de uma mulher?

Da mesma forma, outro fenômeno muito comum envolvendo a memória visual de rostos acontece quando menos esperamos. **Pareidolia é o nome que se dá ao processo de identificação de rosto em qualquer coisa, como, por exemplo, em nuvens ou em outros objetos que pareçam olhos, nariz e boca.** Devido a importância de se memorizar fisionomias, busca-se constantemente essa memória.

Às vezes o cérebro pode pregar umas peças. Da mesma forma que reconhecer rostos é importante, identificar emoções rapidamente também é. Este conflito de informações explica o efeito que você vai ver a seguir.

Conflito de prioridades de informações visuais: rosto ou emoção?

Se você respondeu na primeira pergunta marinheiro acertou. Mas se na segunda pergunta você respondeu sim... Vire o livro de cabeça para baixo. Surpresa! Conflito de informações que seu cérebro caiu direitinho.

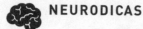 **NEURODICAS**

Como não esquecer o nome de alguém

1. Faça associações com lugares.
   O lugar onde você conheceu a pessoa é uma aposta certeira.
2. Associe as características física.
   Memorize as características distintas, como bigode, cabelo, formato do rosto.
3. Se for preciso, escreva!
   Anotar o nome da pessoa junto com telefone ou outra informação também funciona muito bem.
4. Lembre-se de pessoas que já conhece com o mesmo nome.
   Mentalmente nosso cérebro armazena as informações nas lembranças de uma pessoa que você já conhece.
5. Durante a conversa repita o nome da pessoa.
   Ao se apresentar ou cumprimentar diga o nome da pessoa que está conhecendo. "Tudo bem, Antônio?"
6. Use as redes sociais a seu favor.
   Quando adicionamos alguém, essa pessoa compartilha novas postagens e você começa a associar suas publicações ao nome.

APRENDA O QUE FAZER PARA MELHORAR SUA MEMÓRIA!

 Durma bem

 Coma bastante peixe, ele possui o ômega 3 que nosso corpo necessita

 Pratique alguma atividade física com frequência

 Exercite o cérebro com leituras e hobbies

 Reserve um tempo para os jogos e passatempos

 Não leve lista na hora das compras

 Escove os dentes com a mão que não está acostumado

 Evite o álcool e as drogas

 Controle a ansiedade e depressão

Criatividade

Ser criativo é pensar "fora da caixa". Tem um quê de genialidade e loucura em ser assim. Muitos intelectuais de destaque são intrigantes, parecem não se enquadrar em modelos existentes, são irreverentes, insubordinados e alguns são até mesmo rebeldes.

A criatividade é produto do funcionamento dos lobos frontais, parte mais anterior do cérebro. O curioso é que o "freio" da criatividade também acontece nos lobos frontais, por meio do controle inibitório, uma função executiva da mente. Na verdade, a pessoa tímida pode não expressar sempre seus lampejos criativos por vergonha, mas isso não significa que a introversão não seja criativa.

A criatividade aparece espontaneamente quando se busca soluções para um problema ou uma questão. Dados da memória são misturados com a imaginação possível do futuro. O produto final é o surgimento de soluções e produções inéditas. Por isso que a afirmação, "a necessidade nos faz mais criativos", é verdadeira.

Questões relacionadas com a memória ou simplesmente com a solução de um problema específico podem ser respondidas com o uso do "pensamento convergente", que é a capacidade de indicar uma única resposta correta. Porém, certos desafios exigem soluções criativas e originais. Nessa situação, o cérebro utiliza o "pensamento divergente", que explora na mente, ao mesmo tempo, os diversos possíveis caminhos para a resolução do problema. O "pensamento divergente" é a inteligência criativa.

O termo "pensamento divergente" foi empregado pelo psicólogo Joy Paul Guilford, que na década de 1960 inventou testes para medir a capacidade criativa de uma pessoa. Entre eles, destacam-se o "Teste de Usos Alternativos" e o "Teste das Consequências". No primeiro, o indivíduo deve descrever todos os possíveis usos de três objetos simples: palito de dentes, tijolo e clipe; no segundo teste, a questão envolve imaginar um mundo no qual subitamente tivessem leis abolidas. A avaliação do desempenho nos testes envolve quatro quesitos importantes: a originalidade, a fluência, a flexibilidade e a elaboração.

Uma pessoa criativa tem pensamentos abrangentes e ideias originais. No mundo atual, ser criativo faz a diferença. Trata-se de um traço de personalidade que merece ser explorado.

EXERCITE SUA CRIATIVIDADE DIARIAMENTE E SE TORNE UMA PESSOA MAIS CRIATIVA

Podemos exercitar nossa criatividade e estimulá-la. Uma pessoa com pouca criatividade pode se tornar mais criativa por meio de exercícios e novos hábitos.

Exercício 1

Um exercício engraçado para isso é apresentar um objeto simples e pedir para a pessoa falar dez funções que aquele objeto poderia ter. As primeiras opções são as óbvias, as últimas serão as mais criativas e engraçadas. Por exemplo, eu te pergunto: para que serve um pente? Não responda ainda. Abaixo eu listei dez funções.

1. Pentear o cabelo
2. Decorar uma penteadeira
3. Organizar os fios de um tapete
4. Fazer o formato da borda de um pastel
5. Ser um marcador de livro
6. Coçar as costas
7. Segurar colar e pulseiras
8. Serrar um pão
9. Brincar de encaixar vários pentes uns nos outros, como um Lego®
10. Se for de plástico flexível, pode servir como catapulta de feijão

Agora, eu desafio você a listar mais outras dez funções.

1.

2.

3.

4.

5.

6.

7.

8.

9.

10.

Exercício 2

Fala-se muito de sustentabilidade e reciclagem de materiais. E nesse caminho um exercício bárbaro que pode ser realizado como brincadeira junto com as crianças é dar novas formas e funções a produtos que seriam destinados ao lixo, por serem descartáveis.

A lista é imensa. Pote de azeitona, lata de refrigerante, garrafa pet, jornal, caixa de sapato, embalagens de shampoo, frasco de perfume, miolo do rolo de papel higiênico, pote plástico de sorvete, copo do requeijão.

Qualquer coisa pode se tornar qualquer coisa.

Organize numa mesa todos os objetos. Dê novas funções para cada item separado ou associados aos demais e tente utilizá-los pelo menos uma vez antes de serem definitivamente descartados no lixo para reciclagem.

Exercício 3

Vestir-se bem ajuda muito na autoestima. O arsenal dessas poderosas "armas" suas vestimentas para todas as situações do dia a dia, fica dentro do seu armário.

Mantenha suas roupas limpas e organizadas. Faça o mesmo com seus calçados. Combinações de cores e modelos podem compor *looks* extremamente originais. Sugiro que faça esse exercício sempre que julgar que não tem roupas suficientes.

Faça suas composições criativas e fotografe. Depois analise com calma. Você vai se surpreender com o resultado. Conforme você estabelece uma relação atenta e de carinho com suas roupas, mais sua criatividade ganhará poder.

Lembre-se de antes de gastar num novo sapato ou acessório, olhe para todo seu armário.

Exercício 4

Um belo palco para a manifestação da criatividade está no improviso. Os bons atores e improvisadores têm esse tipo de habilidade mental, que é potencializada no exercício da profissão.

O ator ao interpretar um personagem pretende influenciar a perspectiva de quem o assiste. Situações específicas, nas quais existe uma intenção comportamental ambígua do personagem, faz com que as pessoas fiquem mais propensas a tomar a perspectiva do artista para tentar entender a ação. Ou seja, ele influencia e limita intencionalmente a interpretação criativa da plateia para que a história tenha sentido.

O improvisador, como por exemplo um palhaço que brinca com o público no circo e faz as pessoas rirem ou um trovador, que cria num curto espaço de tempo uma canção e emociona os ouvintes, está utilizando o potencial criativo em tempo real – gerando e expondo a criação com milésimos de segundo de diferença. Esse rápido processo provoca prazer e automatiza a criatividade. Isso é treinável.

Para turbinar sua mente criativa, treine o improviso. Uma forma divertida de fazer isso é com a seguinte brincadeira:

1. Peça para um parceiro imaginar uma pequena história com duração de um minuto e gravá-la escondido de você anteriormente.

2. Peça para esse parceiro falar cinco palavras-chave da história sequencialmente e orientar o gênero do conto (comédia, drama ou aventura).

3. Ligue o gravador e conte a sua história usando a imaginação e as cinco palavras-chave indicadas.

4. Escute a versão original da história com seu parceiro.

5. Comparem os resultados.

LEVE SEU CÉREBRO PARA PASSEAR NO MUSEU – TURBULÊNCIA DE CORES E DIFERENTES FORMAS ESTIMULAM A CRIATIVIDADE

Ao passear por um museu, uma tela ou uma escultura podem até passar despercebidas ao nosso olhar, mas se forem reparadas por poucos segundos já podem gerar o que chamamos de turbulência no cérebro.

Ao depararmos com uma imagem, rapidamente conseguimos distinguir o bonito do feio, e na mesma fração de segundos, as imagens são processadas pelos lobos occipitais que sinalizam o sistema límbico – o circuito emocional do cérebro – daí, a descarga de emoções começa agitar o cérebro.

No primeiro momento, a parte mais posterior da nossa massa cinzenta – o córtex visual – identifica o contraste de luz. As cores diferentes e as interpretações começam a acontecer simultaneamente e podem fazer radiar, brilhar e até pulsar o que os nossos olhos conseguem observar em uma obra de arte.

A forma como a luminosidade se move diante de algumas situações, fazem com que nosso cérebro perceba a turbulência e seja assim estimulado na criatividade e na imaginação, isso porque os maiores mistérios da luminosidade são interpretados pelas cores.

Pesquisas recentes endossam que as diferentes tonalidades têm a capacidade de ativar áreas cerebrais relacionadas à impulsividade, emoções, sistema de recompensa, pensamento abstrato e até da comunicação. A cor branca, por exemplo, estimula o córtex cerebral esquerdo, responsável pelo pensamento lógico e, com isso, instiga a sensação de calma, luminosidade, porque é interpretado como presença de luz, mas ausência de cor. A combinação de tonalidades ajuda a estimular sensações, emoções e, quando bem trabalhadas, podem estimular o impulso e despertar o interesse ainda maior pelo conhecimento cultural.

Nossa mente trabalha com o sistema de recompensa e embora os sentimentos sejam subjetivos, algumas percepções são universais e a busca por prazer, uma constante. A cor preta, por exemplo, transmite mistério, nobreza, requinte e ativa a área das amígdalas, responsáveis pelo medo, impulsividade e a memória emocional. O vermelho também atua nessa mesma área do cérebro e transmite a ideia de energia, emoção, dinamismo, porque são características presentes nas funções da amígdala também. O córtex pré-frontal, das decisões, pensamentos abstratos e respostas afetivas, é estimulado pelas cores verde e azul.

Agora que você entendeu um pouco mais sobre essa interpretação, com certeza vai olhar com mais atenção as cores e as obras ao seu redor. Estimule seu cérebro, aumente a sua criatividade. Sinta as cores e as formas artísticas na sua próxima visita ao museu.

TURBINE A CRIATIVIDADE POR MEIO DO OLFATO

O capim-limão e o alecrim têm óleos essenciais que estimulam a criatividade e por isso podem ser utilizados no ambiente de trabalho. Isso porque a aromaterapia promove bem-estar, físico e emocional, por meio das propriedades medicinais dos óleos essenciais. Para maior eficácia, é necessário que seja orientada por um profissional com formação especializada, pois há contraindicações.

O alecrim melhora o ânimo, a memória e a concentração no trabalho e nos estudos, traz sentimento de alegria, bem-estar, ânimo e é indicado nos casos de depressão e estresse. Não usar à noite, pois pode causar insônia.

O capim-limão é o óleo da memória, foco, raciocínio, da criatividade e da concentração. Ideal também para ambientes de trabalho e estudo já que ajuda a absorção e fixação do conteúdo.

Os aromas desses óleos combinam entre si e podem ser usados separados ou combinados. Podem ser usados em difusores elétricos ou em pastilhas de cerâmica.

As pastilhas são ideais para lugares pequenos; por exemplo para colocar sobre a mesa de trabalho. Coloque 1 a 5 gotas, sinta o aroma e se for necessário adicione mais, pois os óleos essenciais são fortes. Caso queira usar outra essência na mesma pastilha, sem misturar, não precisa lavar, pois o óleo evapora. Espere evaporar e pingue o outro óleo.

Os difusores elétricos são indicados para lugares maiores. Coloque 10 gotas e água. Se quiser misturar os óleos a soma tem que dar 10. Use mais gotas de acordo com sua preferência e necessidade de atuação no momento, verificando sempre a intensidade do óleo, o de maior intensidade são menos gotas. Para limpar o difusor pode lavar depois que a água evaporou e colocar outro óleo novamente. O ideal é que o difusor fique no chão ou próximo ao chão para aromatizar todo o ambiente, longe de portas e correntes de ar.

Para melhorar a criatividade e a concentração no trabalho ou nos estudos a sugestão é utilizar 5 gotas de capim-limão associadamente com 5 gotas de alecrim.

Intuição

Durante alguns treinos, os ninjas têm seus olhos vendados e enfrentam fisicamente ataques adversários. Eles sobrevivem aos golpes e chegam a dominar o combate. Como isso é possível? Graças à intuição desenvolvida, os ninjas conseguem fazer esta proeza.

Ter a intuição desenvolvida ajuda você a tomar decisões acertadas e rápidas. Também protege você de confusões ao identificar mentiras, ciladas e escapar de armadilhas, como um assalto por exemplo.

Os órgãos do sentido captam informações do mundo, transformam estes dados em impulsos elétricos e os direcionam através dos nervos até o cérebro. Lá as informações alcançam a consciência.

A visão, a audição, o tato, o paladar e o olfato são os cinco caminhos neurais que permitem ao cérebro captar as informações do mundo físico. A intuição pode ser considerada o sexto sentido. Do ponto de vista cerebral, ela é muito mais sofisticada do que os cinco sentidos básicos.

As áreas de associação do córtex cerebral, principalmente a região entre os lobos temporal, parietal, ínsula e occipital, juntam os estímulos objetivos e percepções que ainda carecem de uma explicação definitiva.

A mistura de informações reais captadas pelos cinco sentidos é associada com memórias de experiências vividas. A partir de então essas informações sofrem a livre influência da imaginação nos lobos frontais e então a intuição surge na sua mente.

A palavra "intuir" tem origem no latim. *Intuere* significa: considerar, ver interiormente ou contemplar. Em português, a palavra "intuição" é relacionada aos pressentimentos, ao *feeling*, à capacidade de deduzir acontecimentos futuros com base em pouquíssimos indícios reais. Trata-se do "raciocínio inconsciente", sexto sentido ou intuição.

Nem sempre todas as informações concretas para uma decisão racional podem ser reunidas conscientemente em tempo rápido. O uso da intuição pode acelerar este processo com certa margem de segurança.

A realidade interpretada pelo cérebro é uma aproximação sensorial, necessária para que o mundo físico tenha algum sentido na mente. Eu explico. O mundo real não é tão organizado, lógico e coerente como acreditamos ser. Por sinal, é impossível saber de fato o que é a realidade, já que o cérebro trabalha com material de segunda categoria. Todas as informações que chegam a ele são interpretações feitas pelos sentidos a partir de estímulos físicos ou químicos. Ainda que os sentidos interpretem o mundo com certa acurácia, eles entregam dados fragmentados e incompletos para o cérebro juntar. Trocando em miúdos, o cérebro recebe um quebra-cabeça com peças faltando e completa o quadro por conta própria.

A percepção do mundo é uma imagem construída dentro da cabeça de cada indivíduo. Duas perguntas para pensar:

> ✧ O amarelo que você vê é a mesma cor que seu amigo consegue enxergar?
>
> ✧ Se uma árvore cai no meio da floresta amazônica e não há ninguém por perto... Existiu o som da árvore caindo?

Os truques de mágica e ilusões de óptica enganam a percepção e todo mundo gosta. A visão periférica, que não tem a mesma nitidez da visão central, serve basicamente para perceber movimentos e ajudar na composição da imagem total. Cores e formas bem definidas são captadas pela região central do foco visual, mas essa informação é incompleta. Dessa forma, para um cenário ser percebido com clareza pelo cérebro, os olhos rastreiam todo o ambiente em muitos movimentos pequenos – o motivo é completar as partes que estão faltando, da melhor forma possível, na tela mental. Mesmo assim, muito do quadro final é preenchido com suposições aproximadas da visão periférica. É nessas zonas embaçadas da visão que os ilusionistas desenvolvem suas ações.

Num contexto mais amplo, a intuição funciona de forma semelhante. Com base em informações incompletas, suposições e aproximações, ela compõe um quadro que faz sentido para o cérebro.

Acreditar que algo vai acontecer, sem estar na posse de todos os dados necessários, é o que chamamos de intuição. O cérebro está mostrando possibilidades que ainda não foram entendidas racionalmente.

Este é um campo pouco explorado da neurociência. Ainda falta muito para que se possa desvendar os mecanismos da intuição e seu papel na tomada de decisões. Uma linha de pesquisa sobre a aprendizagem baseada nas emoções aponta que essa pode ser a chave das escolhas intuitivas – um estudo de ponta nessa área foi publicado em março de 2014 por pesquisadores da Universidade de Bangor, no País de Gales.

Seguir a intuição é exercitar o livre-arbítrio? O assunto ainda é discutido na neurociência. Mas é possível dizer que ao fazer uma escolha, alguns circuitos neurais são ativados antes mesmo da vontade ser consciente. E, mesmo assim, podemos chamar esse processo de escolha pessoal.

Uma pesquisa australiana de 2013 demonstrou que até mesmo a decisão médica de um cirurgião envolve mais do que o raciocínio analítico, ele usa também processos subconscientes.

A sabedoria popular diz que a mulher tem uma intuição mais aguçada do que a do homem. A ciência não tem argumentos para discordar. Uma das hipóteses mais aceitas para explicar esse fato é baseada no princípio da luta pela sobrevivência. Durante e após a gestação, a mulher fica fisicamente vulnerável. Na pré-história, para se defender e proteger os filhos de animais ferozes, parte das decisões tinham que ser realmente rápidas – tão rápidas que não passavam pelo plano consciente. Era necessário pressentir e agir rapidamente, ou então a morte seria inevitável. Dessa forma, o processo de seleção natural privilegiou as mulheres capazes de executar múltiplas tarefas simultâneas e portadoras de inteligência interpessoal desenvolvida.

Mais leve do que o masculino, o cérebro das mulheres prioriza escolhas previsíveis e possuem o famoso sexto sentido feminino. A prova disso é que elas sabem usar os poderes do cérebro a seu favor e, socialmente, também elas se saem melhor. Como possuem essa percepção além das aparências, ou seja, o sexto sentido que lhes ajudam a tomar escolhas com resultados mais previsíveis ainda, as direciona, por meio da boa comunicação, a usar os recursos, pessoas e situações disponíveis em seu benefício. Por essas e outras, as mulheres têm conquistado cada vez mais espaço no mercado de trabalho e há empresas que até priorizam a contratação feminina. Com características emocionais distintas dos homens, mas com quociente de inteligência (QI) semelhante ao deles, as mulheres têm pontuações mais altas quanto à inteligência interpessoal, a linguagem e a realização simultânea de múltiplas tarefas. E tudo isso com um cérebro mais leve, já que elas são menores do que os homens que ainda possui a capacidade de realizar múltiplas tarefas com competência e intensidade. Essa é uma das principais vantagens femininas frente aos homens tanto no âmbito pessoal, quanto no profissional. Mas rapazes... isto pode ser treinado.

Passamos ao menos 30% do total do tempo de nossas vidas dormindo. Durante a noite, o escuro induz a liberação no cérebro, pela glândula pineal, de melatonina – um hormônio que induz ao sono. O nível de consciência se transforma e adormecemos. Neste ciclo diário, surge uma grande brecha para a intuição se manifestar: os sonhos.

Sonhar é divertido e inspirador. O hábito de escrevê-los num bloco de anotações logo ao despertar pode ser interessante e muito esclarecedor. Estas anotações podem ser utilizadas como ferramentas para o autoconhecimento e valorizadas como sua intuição.

Você pode utilizar o sexto sentido em todos os momentos da vida que precisar. Para estimular o seu cérebro ninja, a sua intuição pode ser estimulada.

Abaixo, neurodicas para treinar essa habilidade.

 **NEURODICAS**

1. Preste muita atenção e valorize suas próprias sensações, emoções e pensamentos. Sua intuição pode falhar, mas é por isso mesmo que vale a pena você começar o processo de autoconhecimento. Quanto maior contato você tiver com o que sente, mais fácil de utilizar a intuição. Como em qualquer aprendizado, você vai melhorando com as tentativas e os erros – é um processo que torna o sexto sentido cada vez mais aguçado, embora talvez você não perceba racionalmente esse efeito.

2. Tenha sempre a mente aberta para novidades. Assim, sua intuição poderá entrar livremente na sua consciência, sem resistências. A entrada de informações novas é fundamental para estimular o bom funcionamento dos circuitos cerebrais. Se você mantiver convicções fechadas demais e não admitir ideias novas, o cérebro vai estagnar.

3. Durante esse processo, não tenha medo de errar. Lembre-se: os erros fazem parte da curva de aprendizagem. Mas também não se esqueça do bom senso. Inicialmente, use sua intuição em situações simples, quando não houver riscos. Por exemplo, a escolha de um prato num restaurante de culinária exótica. Com a prática adquirida, arrisque um pouco mais. Mas nunca chegue ao ponto de tomar decisões que envolvem perigo apenas com base na intuição. Nesses casos, a intuição serve para alertar as pessoas do risco. Por exemplo: você deixaria sua carteira e passaporte com um desconhecido numa viagem a um país remoto apenas para dar um rápido mergulho na praia? Lembre-se de que a intuição nem sempre diz "sim". Se ela disser que é melhor não fazer, não faça.

4. Respeite a intuição das outras pessoas. Procure entender que nem tudo pode ser explicado racionalmente, nem por você mesmo. Ao menosprezar a intuição alheia, você joga fora uma oportunidade de observar e aprender a aperfeiçoar a própria capacidade de usar o sexto sentido.

5. A autoconfiança e a intuição são parceiras. Elas andam de mãos dadas. Quanto mais forte for sua autoestima, mais acertadas serão suas decisões emocionais. Ouça e confie na sua intuição, para pequenas e grandes decisões. A não ser que o dilema seja algo tão arriscado quanto pular ou não do precipício – e aí não existe surpresa: a resposta certa é "não", porque os danos causados por ações intuitivas equivocadas também podem ser irreversíveis. Mas, suponha que você tenha um bom emprego, porém lá você é infeliz. Na busca da felicidade, você cria um projeto e abandona a zona de conforto para executá-lo. O projeto não dá certo, mas propicia novas amizades e contatos. Com esses novos amigos, você elabora outro projeto. Neste sim você tem sucesso porque ele deu certo. É assim que funciona: em certos momentos, será impossível você ter todos elementos concretos para poder decidir racionalmente. Comece a atuar de acordo com a intuição e anote o que está aprendendo.

6. Mas nem tudo é intuição. Às vezes, o cérebro se engana. *Déjà-vu* é a sensação de familiaridade com um lugar, pessoa ou situação presumidamente inéditos. A pessoa viaja para o Extremo Oriente pela primeira vez na vida, pega uma estrada de terra no meio do nada e, ao chegar ao destino (digamos que seja um templo budista), tem a nítida sensação de que já esteve lá antes: isso é o *déjà-vu*.

Do ponto de vista neurológico, observamos pacientes portadores de epilepsia relatando essa sensação antes de ter uma crise. Mas pessoas sem a doença também podem manifestar o *déjà-vu*. Pode ter acontecido com você. O *déjà-vu* está relacionado com o mecanismo neural de memorização e edição emocional de informações. Ocorre quando algo que está acontecendo em tempo real é armazenado instantaneamente na memória de longo prazo, sem passar pelos circuitos conscientes da memória de curto prazo: isto provoca a sensação que o fato já ocorreu.

7. Quando criança você já brincou de vendar os olhos em um quarto escuro e tentar pegar os outros participantes do jogo? Inicialmente, sem a entrada visual, você precisa usar mais os outros sentidos, a audição e o tato, para conseguir capturar algum adversário. O mesmo processo acontece com pessoas que ficaram cegas de repente. Num momento inicial, essa situação requer muita intuição. E mesmo assim, tropeços e pequenos acidentes sempre acontecem porque a ausência da informação visual faz muita falta. Mas, depois de um certo tempo, graças à neuroplasticidade as áreas cerebrais responsáveis pela audição e pelo tato se expandem no córtex cerebral e esses sentidos de fato se desenvolvem mais. Ou seja, se você treinar usar sempre sua intuição, essa habilidade vai se desenvolver.

A palavra intuição, vem do latim, intueri

> Significa: considerar, ver interiormente ou contemplar. Trata-se na verdade do "raciocínio inconsciente" ou sexto-sentido. Nesta semana, vou treinar a sua intuição. Acompanhe as postagens diariamente.

Primeiro DIA 1
Tenha a mente aberta para novidades

> Desta forma, sua intuição poderá entrar na sua consciência ao invés de ser barrada por ela.

Segundo DIA 2
Valorize suas próprias sensações, emoções e pensamentos

> Quanto maior contato você tiver com o que sente, mais fácil fica utilizar a intuição

Terceiro DIA 3

Desista do medo de errar

Lembre-se: os erros fazem parte da curva de aprendizagem. Inicialmente, use sua intuição em situações simples, quando não houver riscos.

Quarto DIA 4

Respeite a intuição das outras pessoas

Procure entender que nem tudo pode ser explicado racionalmente, nem por você mesmo!

Quinto DIA 5

Teste sua intuição hoje mesmo

Comece a atuar de acordo com ela e anote o que está aprendendo.

Comunicação

Um neurônio conversa com outro por meio da sinapse. Ela pode ser direta e estimulante, conhecida como sinapse elétrica, ou utilizar um sistema especial de neurotransmissores e receptores de membrana. Ou indireta, capaz de estimular ou inibir o próximo neurônio a cada estímulo elétrico.

Essa explicação serve para o ambiente microscópico do cérebro. Quando pensamos no órgão como um todo, são necessários métodos sofisticados para estabelecer contato eficiente de um cérebro com outro cérebro.

Intuitivamente, quando pensamos em comunicação, nós nos lembramos da linguagem falada, que inclui o aparelho fonatório e a audição, mas na prática também temos outros sistemas de comunicação muito poderosos.

Podemos passar uma mensagem para outra pessoa por meio da expressão facial, da expressão corporal, dos cheiros, dos gestos, do toque e da linguagem escrita ou falada.

Dominar a comunicação é fundamental para captar informações corretas do meio ambiente e emitir ideias para outras pessoas. Porém, muitas vezes, por timidez ou excesso de extroversão, a comunicação ocorre de forma incompleta, e os resultados podem ser diferentes do desejado.

Detectar mentiras é uma habilidade útil e que pode ser desenvolvida. Aulas de teatro podem ensinar indiretamente como fazê-lo. Observe que um bom ator, ao interpretar um personagem, para convencer o público, precisa decorar, falar o texto e transmitir emoções. Não é só o que ele diz, mas como a mensagem é transmitida que dá sentido ao personagem. A expressão facial, a expressão corporal e o tom de voz adequados são fundamentais nessa tarefa.

COMUNICAÇÃO ALTERNATIVA: O QUE PODEMOS APRENDER COM A REABILITAÇÃO?

A comunicação acontece por três vias principais:

- ◇ expressão facial, incluindo o olhar;
- ◇ expressão corporal, incluindo os gestos;
- ◇ linguagem verbal – fala, escrita, desenhos.

A comunicação integral ocorre quando há convergência dessas três vias, mas, se um sentido está prejudicado (por exemplo, em indivíduos surdos, mudos ou cegos), incapacitando a utilização de uma dessas vias, as outras são mais utilizadas para compensar. Isto ocorre devido à neuroplasticidade cerebral, que consiste no recrutamento dos neurônios envolvidos primariamente em uma função para desempenhar outra tarefa. Ou seja, em uma pessoa que enxergava mas ficou cega, a área auditiva localizada no córtex dos lobos temporais pode progressivamente expandir em direção aos lobos occipitais, responsáveis pela visão, aumentando a capacidade auditiva para compensar o surgimento de uma cegueira.

Nos casos de pais de crianças com deficiência, a comunicação se enriquece por meios não verbais e até mesmo fisiológicos, como o aumento da frequência cardíaca, da frequência respiratória e do tamanho das pupilas. Eles desenvolvem uma afinidade especial com a criação de sinais e símbolos bem particulares, que proporcionam alta velocidade na troca de informações. Naturalmente, ambos os cérebros são estimulados a desenvolver a melhor forma de entendimento.

O amor facilita a comunicação entre pessoas porque reduz o medo, a ansiedade e a timidez – representada eletricamente por "silêncio" nas amígdalas cerebrais do sistema límbico. Como há confiança e sincero interesse na troca de informações, a comunicação fica turbinada.

A conquista da independência e da autonomia de uma pessoa com deficiência visual, por exemplo, ocorre de forma progressiva. A comunicação é uma habilidade fundamental para esse processo. Primeiro é importante conquistar a autonomia para cuidados pessoais básicos dentro de casa, depois mobilidade fora da residência. Aprender a utilizar recursos, como sinalizadores sonoros de semáforos, transportes públicos, guias manuais e cães-guia, é fundamental para autonomia e independência.

A tecnologia tem sido aliada de pessoas com deficiência ao potencializar os canais sensoriais existentes ou criar comunicações alternativas. Por exemplo, o programa SIRI, do iPhone, viabiliza o uso de celular multifuncional ao comando de voz; e uma jaqueta que muda de cor e vibra no corpo conforme a música permite a percepção corporal dos estímulos sonoros por meio da visão e da propriocepção. Essas ferramentas aumentam a entrada sensorial de informações no cérebro. Podem ser usadas para cegos e surdos-mudos na escola e também no dia a dia. O sistema Braile permite a leitura por meio do relevo percebido pelo tato, o ACE PLUS faz a leitura para quem não consegue ler o texto, a máquina fusora faz uma imagem ganhar característica 3D e ser, então, sentida pelo tato. Todas as pessoas podem ter acesso quando participam de escolas especializadas.

A ciência não para. Pesquisas experimentais para o implante de retina artificial já foram publicadas. O implante coclear já é uma realidade clínica. A "leitura" de ondas cerebrais ou ressonância magnética funcional parece ser o limite de comunicação alternativa.

Não é fácil ser cego, mas quando se aceita a condição como um fato consumado e se encaram as dificuldades da cegueira, todos dizem que a vida melhora. O cérebro utiliza mais "espaço" para pensamentos criativos de como lidar com o novo mundo à frente, permitindo-se saciar a curiosidade e encarar o desafio, obtendo resultados mais eficientes.

TELEPATIA

Há alguns anos ninguém seria capaz de imaginar que a telepatia seria possível com auxílio da tecnologia, mas, isso mesmo, a comunicação a distância com telefone é uma espécie de "telepatia assistida". Com os smartphones e as torres de transmissão de ondas de rádio espalhadas pelo mundo, as companhias telefônicas dão suporte a um mundo conectável a distâncias remotas ao simples toque dos dedos ou a uma simples ordem verbal de qualquer pessoa.

No passado, alguns pensadores atribuíram à glândula pineal um possível papel na transmissão de pensamentos a distância. Esta glândula é uma estrutura cerebral profunda responsável pela produção da melatonina – substância que promove o sono. Como ela tem cristais de cálcio em seu interior microscópico, se eles entrassem em ressonância, ondas de rádio poderiam ser produzidas e transmitidas para uma glândula pineal de outro cérebro. Isso nunca foi demonstrado cientificamente, mas a hipótese é criativa.

COMO DESENVOLVER A COMUNICAÇÃO INTERPESSOAL

Durante um dia normal, grande parte de todas as coisas ditas por uma pessoa é consideração subjetiva sobre suas percepções, o que quer dizer que adjetivos povoam nossa comunicação. Mais do que descrever a realidade, o ser humano adora colorir as informações com detalhes, principalmente os que demonstrem gosto, preferências ou opiniões.

Pesquisadores já demonstraram que, quando contamos algo pessoal, o circuito de recompensa cerebral é acionado. Ou seja, contar histórias e casos é gostoso, por essa razão uma fofoca é tão tentadora e provocante.

Saber o que essa informação significa é fundamental para desenvolver suas habilidades de comunicação. Para falar bem, a grande neurodica do cérebro ninja é: aprenda a ouvir atentamente as pessoas. Isso vai provocar prazer no cérebro delas, que terão vontade de contar ainda mais coisas.

Essa neurodica vale para qualquer situação. Uma conversa agradável ou até mesmo uma discussão. Para conduzir uma conversa, perceba que o mais importante são as perguntas e não as respostas. Da próxima vez que participar de um evento social ou de uma roda de amigos, aplique essa técnica: deixe a outra pessoa falar à vontade e preste atenção, demonstrando interesse. Você estará treinando como abrir um potente canal de comunicação com outras pessoas. No momento em que você precisar pedir ou explicar algo a alguém, terá facilidade em fazer isso sem ser desagradável.

AUMENTE SEU PODER DE COMUNICAÇÃO – USE O OLFATO

O olfato é um dos cinco sentidos do corpo. De forma diferente da visão, da audição, do tato e do paladar, a via cerebral do olfato começa nas narinas, segue pela base do crânio e não passa pela estrutura cerebral profunda chamada tálamo. Partículas inaladas estimulam neurônios na parte superior da cavidade nasal. São criados impulsos elétricos que trafegam pelo trato olfatório na base do cérebro até duas regiões distintas: área septal – região cerebral onde sentimos prazer – e uncus – região no lobo temporal relacionada com as emoções e a memória.

O olfato humano é capaz de reconhecer até 10 mil cheiros. A memória olfativa pode ser treinada e consiste em associar o cheiro ao nome. Algumas pessoas têm geneticamente mais sensibilidade ao cheiro do que outras, por isso o olfato tem o poder de despertar memórias de forma muito potente.

Atualmente, grande parte da comunicação entre as pessoas é turbinada pelos smartphones, mas se limita às informações visuais ou auditivas. As redes sociais, por exemplo, permitem acesso à fotos, vídeos e textos, mas não aos cheiros. Para você sentir o perfume de alguém, precisa estar fisicamente próximo.

Ao sentirmos um aroma, o cérebro faz imediatamente uma classificação básica como cheiro agradável ou cheiro desagradável, o que é importante para preservar a saúde. Por exemplo, alimentos estragados, podres, vômito ou excrementos provocam repulsa, e a expressão facial de nojo é imediata e instintiva. Depois da avaliação imediata, os cheiros são comparados com dados de nossa memória emocional, armazenados no sistema límbico.

Então vamos lá: ao sentir cheiro de borracha escolar, você pode se lembrar da professora do primário e da época em que era criança. Ao sentir cheiro de pipoca, pode se lembrar de como é gostoso ir ao cinema com uma boa companhia. Dessa forma, se quiser provocar certas emoções em uma pessoa, coloque na conversa elementos que provoquem memórias olfativas poderosas.

Os cheiros são tão poderosos que podem provocar queda da pressão arterial, diminuição da irritação, redução do estresse e melhora da imunidade. Uma pesquisa feita em Tóquio mostrou que o contato com a natureza provoca saúde e bem-estar por meio dos odores da floresta. O alecrim, por exemplo, pode melhorar a cognição por interferir em um neurotransmissor relacionado com a memória – a acetilcolina.

3
PARTE TRÊS

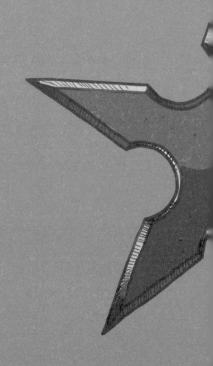

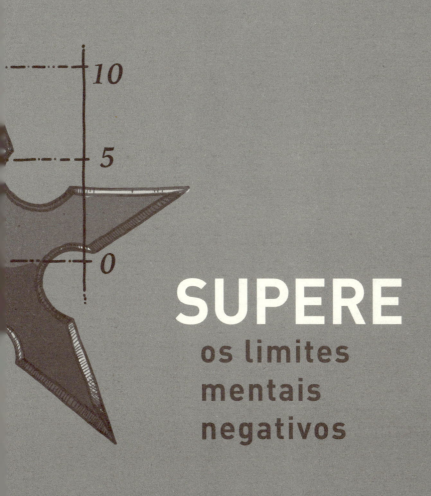

SUPERE
os limites
mentais
negativos

Supere os limites mentais negativos

Há cinco limites mentais negativos que precisam ser superados para que você possa acionar 100% do seu cérebro. De nada adianta ser inteligente, perspicaz e ter raciocínio rápido se você vive praticando a autossabotagem.

Quando sentir que as coisas não estão muito bem, pare, respire e converse com sua consciência. Isso se chama introspecção. Nesse processo muito íntimo, a inteligência intrapessoal será requisitada, e é nesse momento que você terá a chance de superar os BIG FIVE. Sim, os cinco grandes inimigos do cérebro ninja.

Certamente você já sentiu tanto sua energia física quanto a mental sugadas. Então você pensou: o que está acontecendo? Estou com anemia? São vampiros astrais? Estou em um estado clínico pré-gripal? Mau-olhado? Inveja?

Vodu? A resposta correta é sempre a mesma: um ou mais dos BIG FIVE pegaram você!

Há um princípio básico para o combate no livro *A arte da guerra*, de Sun Tzu: conheça seus inimigos, estude-os e a vitória será conquistada.

Então vamos lá. Com os BIG FIVE, adotaremos o mesmo princípio. Vamos estudá-los um a um. Os cinco inimigos vivem adormecidos em seu cérebro, e o melhor é que fiquem assim para sempre. Se possível, mantenha-os em coma. Explicarei como.

Os cinco estados mentais que limitam o comportamento e sabotam todas as pessoas todos os dias são:

1. Falta de motivação.
2. Baixa autoestima.
3. Ansiedade.
4. Estresse.
5. Vícios.

Não há felicidade real quando a mente é controlada por um desses inimigos. Todos o puxam para baixo. Superar esses limites mentais negativos é a única solução.

FALTA DE MOTIVAÇÃO

A maior graça da vida é poder fazer o que quiser. Depois de conquistada a independência financeira, isso faz ainda muito mais sentido.

Somos condicionados desde a infância a cumprir compromissos antes de poder usufruir o tempo com atividades que sejam realmente motivadoras.

É de comum acordo que, na fase escolar, a criança tem direito de brincar depois de cumprir seus deveres. Os nerds curtem estudar, os relapsos curtem apenas se divertir, mas a maioria dos jovens estuda primeiro e brinca depois do dever cumprido. Assim aprendemos e somos condicionados. Motivação é a vontade irresistível de brincar. Quando nos tornamos adultos, isso muda. Um projeto de trabalho pode ser tão desafiador e motivador quanto o pega-pega da infância.

O grande truque para turbinar a motivação é fazer o que gosta ou aprender a gostar do que se faz. Isso é ajustável e depende de você.

Do ponto de vista neurocientífico, neurônios são acionados milésimos de segundos antes de você ter noção de uma tomada de decisão consciente. Isso mostra que até o nosso livre-arbítrio ao começar ou não uma nova tarefa depende do funcionamento pré-consciente do cérebro.

Pacientes que tiveram seus lobos frontais danificados por acidentes, tumores ou isquemia (AVC) se tornaram muito passivos e não apresentaram motivação. Antes da descoberta de medicamentos neurolépticos, ansiolíticos e antidepressivos, a leucotomia pré-frontal foi descrita, no início do século passado, pelo neurologista Egas Moniz. Trata-se de um procedimento cirúrgico para desconectar a substância branca dos lobos frontais do resto do cérebro, e era indicado para casos graves de depressão e agressividade. Um efeito colateral horrível descrito nos pacientes era a perda total da motivação, a apatia. Essa psicocirurgia não é mais realizada, por ser mutilante para o órgão e para o comportamento.

Quando você percebe a falta de motivação em sua vida, é hora de parar e analisar. Pode ser cansaço, pode ser depressão, pode ser que você precise reajustar certos aspectos da vida. Se isso não for claro para você, sugiro que busque consulta com um profissional habilitado – um psicólogo.

NEURODICAS PARA AUMENTAR SUA MOTIVAÇÃO:

1. A atividade física regular é um hábito potente, que estimula a motivação para a vida. É responsável pela liberação do hormônio testosterona, que dá disposição, e por fatores neurotróficos que estimulam a neurogênese (formação de novos neurônios). Pratique uma hora de exercícios físicos três vezes por semana, com atividades de força, alongamentos e aeróbicas, como corrida ou natação, por exemplo.

2. Leia livros e assista a filmes inspiradores. Vale tudo: *Rocky, um lutador*, *Questão de honra*, biografias de personalidades marcantes, como Gandhi, Mandela ou Dalai Lama.

3. Faça pelo menos uma coisa por dia de que você realmente goste – isto estimula a liberação de dopamina, um neurotransmissor responsável pela motivação.

4. Escute músicas coerentes com seus desafios internos quando for iniciar uma tarefa que demande motivação. Se for correr, uma música animada; se for estudar, uma música clássica, ou pelo menos calma. O mais importante é ter algumas músicas que tenham significado emocional para você. Encare-as como remédios farmacêuticos que possam ser utilizados sempre que necessário.

BAIXA AUTOESTIMA

O autoconhecimento estimula o prazer e favorece o desenvolvimento da autoestima. Ninguém é perfeito, e todo mundo pode melhorar.

Estudos científicos mostram que áreas que compõem o circuito cerebral do prazer – circuito mesolímbico dopaminérgico – são eletricamente ativadas quando a pessoa conta coisas sobre si mesma ou faz autorrevelações aos outros. Um trabalho científico realizado na Universidade de Harvard mostrou que 30 a 40% de toda a produção verbal de um indivíduo são relacionadas à descrição de sua experiência subjetiva a outras pessoas.

Portanto, a busca do autoconhecimento e a transmissão verbal dessa experiência mental para os outros são capazes de acionar essas áreas neurais do prazer relacionadas ao bem-estar, à alimentação e à satisfação sexual. O combate à baixa autoestima também entra nesse processo.

Sempre que falamos em autoconhecimento, pensamos nele como ferramenta para o autocontrole emocional e a evolução intelectual e moral. Ao entendermos que podemos ajustar a nossa autocrítica e assim melhorar a autoestima, tudo fica mais fácil.

Quando uma pessoa conta a própria história, fala de si e se expõe para outras pessoas, algo muito semelhante ao orgasmo ou à saciedade alimentar ocorre no cérebro. Certos núcleos cerebrais integrantes do sistema mesolímbico dopaminérgico, como o núcleo accumbens e a área tegmental ventral, são acionados. Portanto, se você focar em se autoconhecer e também se autopromover sem exagero, pode acionar o mesmo circuito do prazer e com isso melhorar sua autoestima.

Por meio dessa observação, nota-se que também precisamos fazer o inverso. É importante saber silenciar, escutar com atenção e permitir que os outros sejam o centro da atenção em uma conversa, provocando, dessa forma, a sensação de bem-estar em outra pessoa. Isso é caridade e, pela lógica da neurociência, é fazer o bem ao próximo. É saudável e inteligente, afinal, ao elevar conscientemente a autoestima de outra pessoa, você estará, de modo automático, aumentando a sua também.

Quanto à autoestima relacionada à aparência física, certos conceitos são importantes e precisam ser entendidos.

O cérebro responde muito rapidamente a qualquer estímulo, e esse processo dura menos de um segundo. Um trabalho científico espanhol mostrou que, quando há percepção da beleza, o hemisfério esquerdo cerebral entra em sincronia elétrica ao exame de eletroencefalograma. Isso provoca prazer e reduz a guarda quanto à aproximação da outra pessoa. Trata-se de um instinto biológico primitivo em que a saúde (física e genética) e a beleza estão associadas, como sinônimos.

A beleza seduz porque há uma leitura biológica instintiva: o que é belo é bom. O homem responde mais aos estímulos visuais e as mulheres, aos estímulos sonoros. Isso não tem relação com a orientação sexual. A libido é regida por hormônios e fisicamente pela lei da atração, sendo que em geral nos homens a voz mais grave, o queixo mais quadrado, os ombros largos e a força física são os pontos fortes.

Nas mulheres, a voz delicada, os lábios carnudos e vermelhos, os seios fartos e o quadril mais largo do que a cintura (70% de proporção) são os elementos poderosos, classificados como belos, e têm correlação inconsciente com a procriação (bacia favorável para o parto) e cuidado com os filhos (amamentação eficiente à prole).

No livro *Neurociência do amor*, citei um trabalho muito interessante realizado na Universidade de Hamilton, nos Estados Unidos, que mostrou que visualizar um rosto muitas vezes pode acabar por torná-lo atrativo. Esse fenômeno acontece devido à neuroplasticidade cerebral. Há uma mudança gradual na ATRATIVIDADE (classificação cerebral como beleza) pela repetição da exposição à mesma imagem. É dessa forma que a cultura, a mídia e a moda influenciam nosso cérebro.

Como o cérebro examina o mundo por comparação, para que haja percepção de beleza, é necessário que haja o contraste. Posso dizer que existe: o bonito, o neutro e o feio. O bonito produz sincronização elétrica do cérebro e do prazer, o neutro e o feio, não. A repulsa acontece pela associação do feio com o medo e o perigo. Filmes como *A bela e a fera* exploram isso. A observação da natureza também; por exemplo, achar uma serpente bonita.

Com base nesses conceitos, é possível treinar a autoestima também quanto à aparência física. O melhor método é estimular a vaidade, sem exageros. Valorizar os autocuidados (exercícios físicos, dieta, cabelos, unhas, dentes, roupas, acessórios) e utilizar o espelho e as fotos como retorno positivo, sem criticar-se demais, e ressaltando com felicidade e gratidão a pessoa que você é.

ANSIEDADE

A organização do ser humano em sociedade faz com que todos tenham funções específicas. Desde a Revolução Industrial, o sentido de tempo gasto com o trabalho e a produção de dinheiro vem provocando aceleração no ritmo das pessoas. Com a globalização e a comunicação, acelerada pela tecnologia – computadores pessoais e smartphones –, maior velocidade é exigida nos relacionamentos de qualquer tipo: comerciais, profissionais e até mesmo pessoais.

A ansiedade está diretamente ligada ao tempo cada vez mais curto que temos para fazer coisas de que gostamos de verdade. Vivemos hoje a "doença da pressa".

Como as solicitações são cada vez mais rápidas, demandam respostas mais velozes. Para isso, o cérebro precisa trabalhar de forma menos analítica e mais reativa. Isso faz com que os sistemas de alerta e atenção do cérebro sejam sempre "super-utilizados". Os hormônios adrenalina e cortisol são mais liberados para garantir o desempenho, à custa dos efeitos colaterais, como o estresse e a ansiedade.

O desgaste emocional e a queda do rendimento a médio e longo prazo são consequências dessa situação. Com mais adrenalina e cortisol circulando na corrente sanguínea, doenças como hipertensão arterial, obesidade, diabetes, depressão, insônia e baixa imunidade podem surgir.

Muitos de nós somos de uma geração que acredita que ser multitarefas, ter a agenda cheia, fazer mil coisas, otimiza o tempo. Isso é um neuromito. Realmente conseguimos fazer muitas coisas, mas não tão bem quando as realizamos ao mesmo tempo.

É possível ser multitarefa, principalmente com auxílio – uma equipe ou um dispositivo eletrônico, como um celular que arquiva dados importantes para a sua vida, deixando sua mente livre para fazer outras coisas, além de memorizar um novo número de telefone, por exemplo.

A memória de curto prazo do ser humano consegue lidar com até sete informações ao mesmo tempo, por isso conseguimos fazer mais de uma coisa ao mesmo tempo, mas já foi demonstrado cientificamente que a qualidade da tarefa, quando feita com exclusividade, é melhor.

Além disso, a ansiedade provoca falta de paciência com o outro. Como produto da tecnologia nas comunicações, a ansiedade se mostra presente nos relacionamentos por meio dos dispositivos eletrônicos e aplicativos de relacionamento. Em certo aspecto, um namoro virtual pode parecer mais lento, mas essa impressão é equivocada. Faltam dados no diálogo que o cérebro precisa para realizar um julgamento correto, como as informações sobre a expressão facial e a expressão corporal, além de informações olfativas.

Em termos de redução do potencial prazeroso, a ansiedade atrapalha os relacionamentos. No sexo, muitos casos de ejaculação precoce ou impotência têm relação com ansiedade.

Quando estamos calmos, os lobos frontais ficam ativos de forma mais concentrada. Menos reação, mais criatividade e mais pensamentos racionais acontecem. Emocionalmente ficamos mais estáveis e equilibrados.

Quando estamos ansiosos, a entrada de informações nas porções posteriores do cérebro fica menos eficiente, e há a tendência a ficar desorientado, com pensamentos acelerados, originados nos lobos frontais, "roubando" a atenção, a percepção da realidade e do momento atual. Emocionalmente ficamos mais instáveis, mais suscetíveis à raiva ou ao medo, menos racionais, e somos mais influenciados pelas emoções.

NEURODICAS QUE COMBATEM A ANSIEDADE:

1. Cortar alguns compromissos da agenda e priorizar o que é realmente importante.

2. Acostumar-se a dizer não a alguns convites.

3. Otimizar o tempo no trabalho.

4. Desligar o celular por algumas horas por dia, se não houver possibilidade de desligá-lo durante uma semana.

5. Ter um *hobby*, praticar atividade física, meditar, não exagerar no café, não fumar.

ESTRESSE

Qualquer sinal proveniente do mundo que possa representar uma ameaça ao bem-estar, como uma "fechada" no trânsito, ou simplesmente um café que cai na gravata, pode provocar a ativação das amígdalas cerebrais. Essas estruturas são "portas emocionais" do cérebro que estimulam o hipotálamo e iniciam uma reação neuroquímica. As glândulas suprarrenais são estimuladas a liberar hormônios relacionados ao estresse – a adrenalina e o cortisol. Rapidamente, todo o seu corpo assume um estado de alerta máximo e, assim, a saúde mental fica comprometida com estresse, raiva e chateação.

No mundo primitivo, na época das cavernas, quando o homem recebia um estímulo externo do meio ambiente que representasse "ameaça", a situação era realmente perigosa para a vida. Então, o rugido de um leão e o estrondo de um trovão eram de fato um risco de morte iminente, que ocorreria caso não fosse tomada uma medida inteligente e imediata: fugir, lutar ou paralisar.

Hoje, o telefone celular que toca cedo com a identificação do número do chefe é capaz de provocar a mesma resposta biológica que o rugido de um leão. Mas, convenhamos, a menos que seu chefe seja um psicopata, você não corre risco de morte.

O próprio cérebro tem mecanismos para aliviar esse estresse, senão seria impossível viver muito tempo em estado de alerta máximo, e, para contrapor essa tendência, contamos com dois importantes aliados: um neurotransmissor chamado serotonina e a área ventral do córtex pré-frontal. Nesta região do cérebro, pensamentos racionais conseguem balancear a reação instintiva emocional.

O bom senso nos faz discernir a realidade e as emoções que estão sendo incitadas. Então é assim que se tornam conscientes pensamentos como: "Ainda bem que foi só uma fechada... poderia ser pior, poderiam ter destruído meu carro com uma forte batida", ou "Meu chefe deve estar muito raivoso, melhor concordar com tudo ou, se for possível, nem encontrá-lo". Enfim, é nessa região que, se você conseguir, o gerenciamento mental será realizado e a situação desagradável será dominada. Se a região pré-frontal for menos ativa neste combate, o estresse vence.

Produzida a partir do triptofano, um aminoácido adquirido na dieta, a serotonina garante, em níveis normais, o bom estado de humor. Não é por acaso que diversos medicamentos que tratam a depressão têm por objetivo manter os níveis normais da serotonina no tecido cerebral.

Sabe-se que a depressão atinge cerca de 30% da população pelo menos uma vez na vida. E esse número pode ser ainda maior, já que parte das pessoas cai em depressão e nem percebe que está com a doença, levando uma vida "sem cores" por muitos anos.

Para isso acontecer, não precisa muito – mau humor, problemas no trabalho, desilusão amorosa, traumas de infância, predisposição genética, estresse. Mas se de um lado os problemas são inevitáveis, do outro podemos evitar a chegada da depressão tendo autocontrole dos pensamentos. É claro que há fatores, como a predisposição genética, o uso excessivo de álcool e drogas, excesso ou falta de trabalho, que podem influenciar no estilo de vida e em consequência desencadear a depressão, mas, via de regra, a pessoa que controla o humor, domina a ansiedade e combate o estresse consegue manipular seus pensamentos para não se deparar com a doença.

Não ter emprego, viver sempre de mau humor, romper um relacionamento ou sofrer com a morte de um parente são situações capazes de produzir algumas perdas reais na massa cinzenta do cérebro, formada por milhares de células nervosas. Uma pesquisa da Universidade de Yale, nos Estados

Unidos, conduzida por Emily Ansell e seu grupo mostrou a veracidade dessa informação. A alteração é notável em áreas associadas às emoções, como o córtex medial pré-frontal, o córtex da ínsula e o giro do cíngulo. Isso mostra a importância de tratar as causas do estresse e suas consequências emocionais, que podem ter impactos negativos na saúde física e mental.

NEURODICAS PARA COMBATER O ESTRESSE:

1. Prepare-se para o dia seguinte e valorize uma boa-noite de sono.

2. Acorde um pouco mais cedo e deixe tudo que vai precisar levar consigo separado no mesmo lugar (chaves, carteira abastecida com dinheiro necessário, celular carregado, lanche, crachá, uniforme, computador, livros, caneta, guarda-chuva, tudo que precisar).

3. Reserve tempo para o banho matinal, favorece o despertar e provoca uma sensação calmante antes de qualquer potencial conflito. Além de higienizar seu corpo, o banho faz parte da sua estratégia de preparação mental.

4. Faça um bom café da manhã: níveis garantidos de glicose e serotonina favorecerão o bom funcionamento cerebral.

5. Sorria para as pessoas e diga "bom dia" com entusiasmo e sinceridade. Esta regra básica do bom convívio social sempre vai funcionar. O sorriso representa para o ser humano a primeira forma agradável de se comunicar com outras

pessoas. Adquirimos essa habilidade neurológica de contato pessoal desde o início da vida. É poderosa, agrada a
quem recebe e tonifica os músculos da face para quem
emite – rejuvenesce.

6. Reserve diariamente um tempo para você. Fuja da rotina e
busque fazer algo além das obrigações diárias.

7. Pratique atividade física, pois ajuda a liberar endorfinas, as
substâncias que causam bem-estar e mantêm níveis adequados da serotonina no seu cérebro.

8. Escolha seus amigos a dedo. As boas companhias podem
influenciar muito no estilo de vida saudável e no teor cons-
trutivo dos assuntos do dia a dia.

9. Peça perdão e saiba perdoar. Um estudo realizado na Universidade da Califórnia com 148 adultos jovens mostrou
que o ponto de equilíbrio entre o nível de estresse na vida
e a manutenção da saúde física e mental acontece preferencialmente nas pessoas que têm tendência a perdoar. O
perdão, tanto o autoperdão como o perdão aos outros, funciona como um amortecedor do estresse, eliminando o
rancor e a mágoa. Se você não é bom nisso, pode treinar.
Uma boa dica é de vez em quando imaginar uma pessoa
que você gosta muito lhe pedindo perdão por alguma falta
e procurar sentir o seu perdão. Vale o exercício.

VÍCIOS

Há vício quando a capacidade de autocontrole desapa-
rece e o cérebro fica escravo de um hábito nocivo. Alguns
exemplos são bebidas alcoólicas, drogas, tabaco, internet,

comida, sexo, compras ou jogos. A pessoa perde a força de vontade de fazer coisas diferentes com a desculpa de que sempre faz a escolha pelo vício porque quer. Mas não é verdade. O problema é real e o poder de escolha está comprometido. A substância ou o hábito modificou quimicamente o circuito de recompensa cerebral – neurotransmissores e receptores. Agora, para sentir prazer, o vício sempre ganha.

O consumo de álcool, por exemplo, promove principalmente a liberação de três neurotransmissores. Durante o processo de embriaguez, o ácido gama-aminobutírico (GABA), um neurotransmissor inibitório, é liberado. Então é de esperar que o cérebro e o comportamento fiquem mais soltos e livres. Os resultados iniciais são desinibição, empolgação e sociabilização. A serotonina também é estimulada e a sensação de euforia e felicidade passa a acompanhar as doses subsequentes. O prazer é então atingido com a liberação de endorfinas pelo álcool. Em quem bebe socialmente, as endorfinas atuam principalmente no núcleo accumbens, mas, no alcoólatra, receptores para a substância passam a existir em abundância em outra área do cérebro, o córtex pré-frontal. Ou seja, na sua intimidade neuroquímica microscópica, o cérebro já não é o mesmo. Por isso, o alcoolismo é uma doença com graves consequências – riscos de acidentes, doenças no fígado (órgão responsável pela eliminação do álcool) e no cérebro (hipovitaminose B1 por má absorção, destruição de neurônios com evidente atrofia do órgão e demência sequelar).

A capacidade de autocontrole foi explorada no estudo alemão publicado no periódico científico *Brain Research*, intitulado como "A functional neuroimaging study assessing gender differences in the neural mechanisms underlyings the ability to resist impulsive desires". Esta pesquisa avaliou, por meio de ressonância magnética funcional, quais circuitos neurais homens e mulheres utilizaram para conseguir controlar seus desejos de recompensa imediata. Trinta e dois participantes, sendo 16 mulheres e 16 homens, fizeram parte do estudo. Ambos os sexos mostraram semelhanças das áreas relacionadas com a recompensa imediata ou prazer, mas apresentaram diferentes mecanismos cerebrais que permitiram a decisão de autocontrole contra a preferência pela recompensa imediata.

Há ampla evidência de diferenças entre homens e mulheres em processos neurais e comportamentais. As diferenças de comportamentos relacionados à busca por recompensa têm sido associadas às influências dos hormônios sexuais sobre o sistema dopaminérgico mesolímbico e à ativação do sistema de recompensa. Ainda assim, pouco se sabe sobre a associação entre sexo biológico e as bases neurais da capacidade de resistir à decisões impulsivas relacionadas ao sistema de recompensa e prazer. As tentações e tendências a vícios podem ser diferentes, mas o mecanismo cerebral é o mesmo. Ao entender isso, você assume poder hierárquico sobre o problema e deixa de ser uma vítima tão fácil da autodestruição pelo vício. Cabe o alerta: certas substâncias são tão poderosas que têm poder de vício logo nas primeiras experiências – crack e heroína são exemplos.

NEURODICAS
PARA SE PROTEGER DOS VÍCIOS:

1. Reconheça que o cérebro pode ser incapaz de se libertar de certas experiências, como, por exemplo, o prazer provocado por algumas drogas. Portanto, nunca experimente.

2. Peça ajuda se identificar que tem dependência de algum hábito ou substância.

3. O estímulo natural do circuito de recompensa cerebral faz bem para a saúde do corpo e da mente. Alimentação, descanso, atividade física e sexo afetuoso são os principais pilares deste propósito. Explore essas quatro oportunidades naturais com consciência, respeito e prazer.

4

PARTE QUATRO

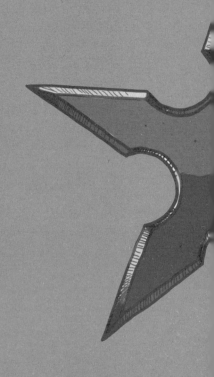

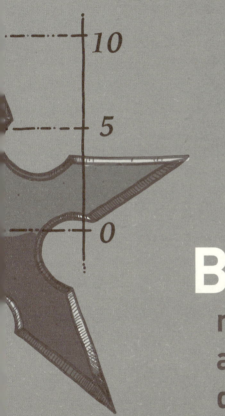

BRILHE
nos cinco aspectos da vida

Brilhe nos cinco aspectos da vida

Há cinco aspectos principais da vida que precisam funcionar bem para que você brilhe como pessoa. Nem sempre tudo estará perfeito, mas é fundamental que suas metas contemplem as cinco pontas dessa estrela.

Para isso, tenha uma caderneta sempre por perto. Crie o hábito de anotar nela todas as ideias especiais que você tiver: um novo negócio, uma meta profissional, um lembrete para que você corrija algum vício. Anote tudo, sem restrições. As grandes ideias surgem no banho, na cama, no trânsito. Depois, quando a emoção do *insight* for embora, você terá condições de avaliar se a ideia merece ser transformada em um projeto. Mais tarde, quando o projeto começar a tomar forma, você perceberá se ele tem ou não condições de ser executado.

Aproveite seu aniversário ou o Ano-Novo e leve a sério suas resoluções. A virada do ano ou o dia do seu aniversário são datas ideais para, simbolicamente, estabelecer o início de um novo ciclo. Mas isso não é uma regra. Independentemente da data, crie metas factíveis e gerencie-as de forma atenta. Acione o cérebro ninja. Então escreva, porque documentar é muito importante. Desenhe para você um plano de objetivos pessoais para os próximos doze meses.

Organize essas metas em cinco grandes grupos – as pontas da estrela:

A. Trabalho e estudos: novos projetos e iniciativas, aperfeiçoamento profissional, melhoria do próprio desempenho, mudança de rumo profissional ou até mesmo a decisão de parar por um tempo até começar algo melhor.

B. Família e relacionamentos: melhorar a relação com seus amores, amigos, irmãos, casar, ter filhos, planejar a educação desses filhos, cuidar dos próprios pais.

C. Lazer: fazer aquela viagem especial, ter *hobbies* variados, comprar ingressos para um show.

D. Saúde Física: cuidar da mente, parar de fumar, beber menos, comer de forma mais saudável, dormir melhor, fazer sexo melhor, praticar algum esporte, preocupar-se menos.

E. Saúde financeira: gastar menos do que ganha, investir melhor o dinheiro, garantir o futuro sabendo poupar, trabalhar por uma promoção salarial ou por um novo negócio.

Todo mês faça uma análise dos progressos no seu planejamento. Ao final de um ano, faça um balanço honesto e verifique o quanto você atingiu dos seus objetivos. Faça novos planos e comece tudo de novo. Lembre-se: você não é um robô, pode mudar e reajustar seus planos a qualquer momento. O importante é brilhar de forma simétrica nos cinco aspectos principais da vida – chamo essa capacidade de Estrela de Cinco Pontas.

Para cada uma das pontas da estrela, neurodicas especiais. Confira e faça anotações para o seu planejamento personalizado.

TRABALHO E ESTUDOS

Trabalhe com empatia

Você sabe o que é EMPATIA? Essa palavra é mágica. Trata-se da habilidade mental de sentir o que o outro está sentindo, de se colocar no lugar da outra pessoa, de entender como a outra pessoa está pensando. Cerca de 98% das pessoas podem ter a empatia desenvolvida. Ela pode ser ensinada, aprendida e treinada. Quando a empatia está presente em qualquer tipo de relação, o ódio e a injustiça vão embora, a justiça se faz presente e o amor prevalece. A empatia é muito importante para o futuro da humanidade.

Uma mãe, mesmo de "primeira viagem", sabe dizer exatamente o que o bebê está sentindo, mesmo que ninguém tenha lhe ensinado. É a empatia instintiva. Trata-se da comunicação não verbal mais eficiente do mundo.

Sabemos que um hormônio chamado ocitocina tem funções importantes no corpo da mulher que tem um filho. Essa substância auxilia na contração do útero para o parto do bebê e também ajuda na ejeção de leite das mamas para saciar a fome do lactente. Além disso, a ocitocina e seus receptores cerebrais participam do processo de formação de vínculos, como, por exemplo, do encantamento da mãe pelo bebê. Participa também, como observado nos roedores arganazes do campo, do processo de fidelização entre os parceiros em um casal.

Desenvolver essa habilidade traz grande vantagem para quem quer ter sucesso no trabalho, pois, mesmo numa equipe homogênea, os interesses pessoais não são os mesmos. Ao entender na própria pele as verdadeiras necessidades dos subordinados, o chefe pode coordenar melhor as ações e tornar a equipe mais motivada. Ao alinhar a tarefa e o desafio, a missão se torna ainda mais motivadora para cada membro do time e o grupo fica mais poderoso. O mesmo acontece quando o subordinado entende seu líder e respeita com empatia a organização hierárquica em que está inserido.

Isso não se aplica só para quem está na liderança de uma equipe. Na verdade, todas as pessoas se beneficiam com a empatia. A sociedade pode mudar para melhor. A empatia garante menos conflitos e mais ordem para o bem da humanidade.

NEURODICAS PARA TREINAR A EMPATIA:

1. Converse pelo menos uma vez por semana com uma pessoa diferente do seu convívio sobre assuntos importantes da vida, como AMOR, MORTE, POLÍTICA, RELIGIÃO. Dedique um tempo para pensar e entender de verdade por que essa pessoa pensa e se sente daquela maneira.

2. Observe como uma mãe lida com seu bebezinho. Como ela sabe exatamente quais são as necessidades da criança se o bebê ainda não fala? (Empatia! Tente fazer o mesmo).

3. No trabalho, dedique um tempo para pensar como seu superior, seus colegas e seus subordinados sentem e pensam. Todos têm qualidades e aspectos a melhorar, inclusive nós.

4. Empatia nos faz pedir desculpas e também perdoar racionalmente. Experimente!

FAMÍLIA E RELACIONAMENTOS

Bons relacionamentos dão suporte e manutenção ao equilíbrio emocional. Com isso, você pode ir mais longe nos outros setores da sua vida. A base da família, da amizade e da religião é o amor.

Classifico, basicamente, três tipos de vínculo: familiar biológico, familiar social e amistoso. No primeiro há o compartilhamento de material genético – laços sanguíneos (por exemplo: pais e filhos, irmãos, primos etc.) –, no segundo, as convenções sociais (por exemplo: marido e mulher, filhos adotivos), e no terceiro, a afinidade mental, principalmente (amigos e colegas). O amor é o sentimento mais poderoso da humanidade e é a base de qualquer tipo de relacionamento saudável. É por causa do amor que nos organizamos em duplas, em casais, em famílias, em grupos de amigos e até mesmo em grupos religiosos.

A humanidade, ao reconhecer intuitivamente a sua importância, sempre se preocupou em expressá-lo, em especial pela arte, tratando da sua beleza e harmonia ou dos problemas que a sua falta provoca.

Todas as religiões incluem o amor em sua doutrina. Então, independentemente da crença, todos sabemos que, para estabelecer conexão com Deus, é necessário trilhar o caminho do amor.

O amor é tão curioso que a filosofia na Grécia antiga apontou a paixão como causa da infelicidade das pessoas, devendo então ser abolida ou pelo menos controlada.

Na ciência moderna, o amor tem sido estudado principalmente por psicólogos e cientistas sociais. No início do século passado, a maior preocupação foi desvendar o mistério de como manter a estrutura do casamento para que a sociedade permanecesse estável. O casamento, a satisfação conjugal e o gerenciamento de conflitos foram os assuntos mais estudados naquele período. Entender o amor sob esse ponto de vista foi fundamental para o desenvolvimento desse conhecimento, porque representa a energia de atração mais poderosa para a manutenção ou desagregação do vínculo matrimonial.

Olhos nos olhos, abraço sincero, beijo com desejo e elogios sobre o parceiro são sinais de afeto positivo. Esses sinais são cruciais para a satisfação nos relacionamentos amorosos. Mais do que a existência de conflitos, a ausência de afeto positivo entre o casal se mostrou como o principal fator para antever os problemas conjugais.

No decorrer do século XX, o foco científico mudou da satisfação no casamento para o romance propriamente dito: entender por que as pessoas se apaixonam, como é o processo de seleção de um parceiro, como a personalidade e as experiências com relacionamentos anteriores influenciam o processo. Porque o amor é livre, universal, alegre e não pode ser aprisionado.

O amor é a graça e a desgraça, quando se quer deter os vínculos propostos a qualquer custo no formato "casados até que a morte nos separe". O movimento *hippie* defendeu o amor universal como ideal de liberdade na década de 1960. Na Era de Aquário, o amor livre é fundamental para a felicidade dos seres humanos, independentemente dos gêneros envolvidos no relacionamento, ou seja, homem-mulher, homem-homem, mulher-mulher ou relacionamentos múltiplos e simultâneos.

A neurobiologia do amor é um tema muito apreciado na neurociência social. A formação de vínculos em mamíferos e pássaros, conduzindo-os para a organização em casais, é explicada pelo instinto de reprodução e perpetuação da espécie, mas também pelo afeto. Estudos experimentais com animais monogâmicos e promíscuos, exames de tomografia por emissão de pósitrons, ressonância magnética funcional de encéfalo em humanos, determinação de perfis hormonais específicos e estimulação magnética transcraniana são alguns dos métodos utilizados pela ciência atualmente para descobrir como o cérebro funciona quando experimenta o amor.

O homem tem circuitaria cerebral suficiente para experimentar a emoção mais nova do planeta, do ponto de vista evolutivo: o amor. Conforme a teoria elaborada na década de 1970 pelo médico e neurocientista Paul MacLean, o ser humano tem o cérebro organizado em camadas que constituem três unidades funcionais – teoria do cérebro trino.

Cada camada surgiu com a evolução das espécies, sendo então englobada e acoplada às camadas anteriores. A camada cerebral mais interna, antiga e primitiva é denominada de cérebro reptiliano – presente a partir dos répteis na escala evolutiva. É representada pelo tronco cerebral e pelos gânglios da base. Tem como característica a sobrevivência e é responsável pela fome, sede e defesa de território. A camada intermediária, mais nova, conhecida como sistema límbico, cérebro emocional ou psicoencéfalo, tem relação com os processos de memorização, olfação e experiência das emoções, envolvendo anatomicamente o cérebro reptiliano. A camada mais recente e superficial, conhecida como neocórtex, está presente nos mamíferos superiores, sobretudo nos grandes primatas, com grande destaque nos homens. Esta última camada nos faz inteligentes e capazes de sentir o amor, perceber que ele é agradável e possibilita o altruísmo voluntário.

O principal objetivo do amor é a aproximação dos indivíduos e a manutenção da vida, pois, na natureza, as espécies de vida coletiva tiveram mais chances de sobrevivência. A proximidade entre dois corpos é instintiva quando os indivíduos estão num ambiente frio e inóspito, pois favorece a manutenção da temperatura corporal. Antes da hipotermia pelo frio intenso, o indivíduo precisa aceitar o outro dentro do seu espaço territorial. Uma estrutura cerebral profunda, conhecida como hipotálamo, é responsável pelo controle da temperatura do corpo, bem como pelo gerenciamento do sistema nervoso autônomo e das emoções. O hipotálamo é importante no controle do sistema imunológico e hormonal por meio da sua íntima relação com as glândulas hipófise e pineal. É fundamental para a sobrevivência e representa uma área de trânsito de informação de neurotransmissores e hormônios para os relacionamentos com as outras pessoas e com o meio externo.

Nos humanos, a manutenção de um vínculo estável é importante para a segurança durante o período da gestação e do crescimento dos filhos. O gancho biológico para estimular esse vínculo é a ativação do circuito de recompensa cerebral, provocando a sensação de prazer no processo.

Durante a paixão, o cérebro funciona diferente – turbinado de motivação romântica. Estudos de ressonância magnética funcional mostram a ativação de áreas especiais, como o córtex pré-frontal, o córtex órbito-frontal, o núcleo caudado e a ínsula. O sistema de recompensa fica mais ativo, com mais dopamina sendo liberada e, assim, gerando mais prazer, podendo ser até mesmo viciante. O senso crítico de julgamento fica menos apurado. A atenção, focada no parceiro amado, faz com que a pessoa tenha um comportamento mais livre para expressar seus sentimentos, chegando a realizar coisas que, quando a fase da paixão muda para a fase do amor romântico, a pessoa nem acredita que fez.

Além disso, apesar de os níveis maiores de dopamina garantirem um prazer fantástico, outro neurotransmissor segue um caminho oposto: a serotonina, responsável pela manutenção do humor. A serotonina fica em níveis mais baixos, semelhantes aos de pacientes com TOC, de forma que, quando o relacionamento não vai tão bem, ou o parceiro está longe, provoca alterações emocionais e sintomas de ansiedade ou depressão.

O relacionamento amoroso entre seres humanos pode ser intraespecífico, ou seja, entre duas pessoas, ou parental.

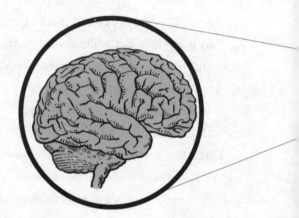

A atração física faz o cérebro disparar um arsenal de hormônios e neurotransmissores:

↑ AUMENTA   ↓ DIMINUI

↑ **Testosterona**	Principal responsável pelo desejo por outra pessoa
↑ **Adrenalina**	Eleva a frequência cardíaca, fazendo o coração disparar
↑ **Noradrenalina**	Dá mais energia, aumenta o suor e tira o sono e a fome
↑ **Dopamina**	Age sobre a sensação de prazer e bem-estar
↓ **Serotonina**	Deixa o indivíduo obsessivo e com pensamento fixo

Este último ocorre entre pais e filhos, sendo que o amor maternal tem grande destaque pela relação física e biológica existente em todo o processo de gestação, parto e amamentação. Esses processos implicam na mudança do corpo, da fisiologia e da ação de diferentes hormônios que orquestram os eventos.

A estabilidade do amor maternal e do amor romântico tem relação com um hormônio chamado ocitocina. Esta substância modula o cérebro para sentir o amor incondicional, com o qual você é capaz de dar a própria vida por outra pessoa, seja um filho biológico, adotivo ou um grande amor. Nos homens, o comportamento de fidelização tem relação com a vasopressina, um hormônio produzido no hipotálamo e liberado pela glândula hipófise.

O estudo do comportamento humano mostra que, se não sofrer ruptura durante o processo, a evolução de um relacionamento amoroso passa por fases previsíveis. Primeiro

A molécula dos relacionamentos

Produzido na região central do cérebro, o hormônio ocitocina desencadeia uma série de reações no organismo ligadas à confiança e à formação de laços duradouros

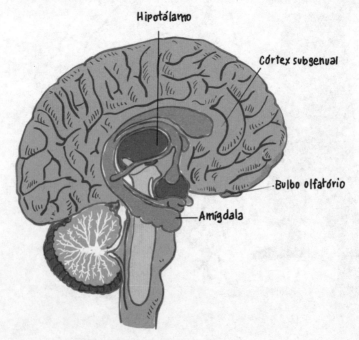

surge a paixão, que dura em média de seis meses a dois anos, uma fase de emoções intensas. Progressivamente, a paixão evolui para a fase do amor romântico, quando o bem-estar pode ser usufruído de forma mais calma. Depois chega a fase do amor companheiro, que pode durar a vida inteira e contemplar os parceiros com a expansão mental conquistada pela sincronia dos seus cérebros. Essa união parceira é fundamental como suporte cognitivo e emocional. Uma vida compartilhada em casal garante três anos de vida a mais e experiências marcantes com os filhos e demais familiares.

Hipotálamo: a ocitocina é produzida no hipotálamo, localizado próximo ao tronco cerebral. Em seguida, ela é armazenada dentro da hipófise (também chamada de glândula pituitária).

Amígdala, Hipotálamo, Córtex subgenval e bulbo olfatório: são regiões cerebrais associadas com as emoções e densamente preenchidas com receptores de ocitocina.

Dopamina: a ocitocina desencadeia a liberação de dopamina, neurotransmissor associado com sensações de prazer, de motivação e de aprendizado por reforço.

Serotonina: a ocitocina leva à liberação também da serotonina, um transmissor do cérebro responsável por reduzir a ansiedade, além de ter um efeito positivo no humor.

Mamilos: durante a amamentação, a ocitocina é responsável pela passagem do leite pelos mamilos. O hormônio também responsável por acalmar a mãe e direcionar seu foco para o bebê – em função da liberação de serotonina e dopamina.

Útero: a ocitocina é responsável pela contração do útero durante e após o parto.

Vasos sanguíneos: a ocitocina, ao se ligar aos receptores presentes no coração e no nervo vago (que inerva o intestino e o coração), ajuda a reduzir a pressão arterial.

Evolução do amor

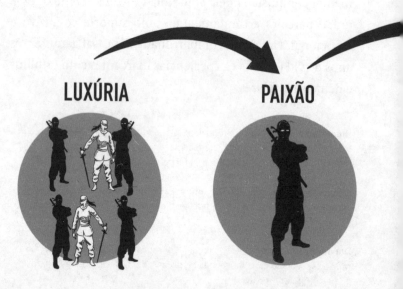

Substância	Testosterona / estrogênio	Dopamina / noradrenalina
Núcleo cerebral	Amígdala	Núcleo *accumbens* Área tegmentar ventral

ROMANCE → Amor romântico

ROMANCE → Amor companheiro

Vasopressina / ocitocina

Núcleo da rafe / Globo pálido

DIMINUA O CIÚME, AUMENTE O AMOR

1. OTIMIZE ESPAÇOS NO SEU CÉREBRO

Hábitos como olhar o celular, vasculhar o computador, ter acesso à senhas e questionar o dia a dia do parceiro podem até ser considerados normais, mas reconhecer o ciúme como algo capaz de propiciar a evolução de seu autoconhecimento pode ser considerado saudável.

O ciúme não é normal quando o sentimento de posse e obsessão deixa de ser transitório e passa a ser constante. Sintomas físicos associados a ele, como taquicardia, alterações no apetite, sudorese e insônia, modificam e perturbam a vida rotineira.

A partir dessa instância, o ciúme começa a ser considerado uma doença, ou melhor, uma síndrome: a chamada Síndrome de Otelo – nome inspirado na obra de Shakespeare, em que Otelo é o personagem principal e, possuído por um ciúme doentio, mata a esposa. Trata-se de uma patologia psicocomportamental que, em casos extremos, pode até despertar o desejo de matar o objeto causador do ciúme.

A síndrome pode ser diagnosticada tanto em homens quanto em mulheres e é tratada com medicamentos e psicoterapia. O grande segredo é atingir o ponto de equilíbrio e o comportamento adequado em relação ao ciúme. É preciso compreender que é impossível monitorar o que o outro pensa ou sente – esses sentimentos são extremamente particulares e, por mais que você conheça uma pessoa, não saberá tudo sobre suas emoções e intenções mais íntimas.

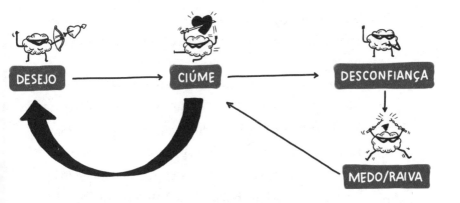

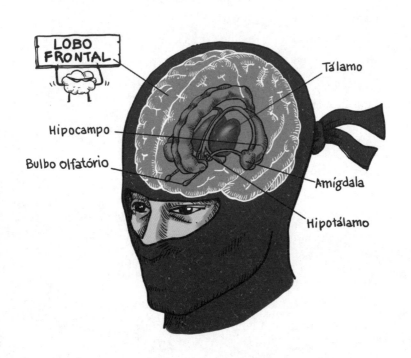

A insegurança emocional e o medo intenso da perda são os principais desencadeadores do ciúme na relação. E, claro, não dá para separar o ciúme do amor, mas isso não significa que os dois realmente precisem andar juntos. De modo geral, esse "ciúme ruim" é despertado quando há insegurança.

A partir do momento em que a pessoa se sente amada e desejada, respeitando a individualidade do parceiro, ela deixa naturalmente o ciúme de lado, fazendo com que sobre mais lugar para o amor. É o que chamamos de autocontrole, que rege esse e outros sentimentos essenciais. Entendendo o circuito do ciúme, fica mais fácil administrar o turbilhão de emoções e pensamentos que passam pela sua cabeça todos os dias.

 **NEURODICA**

1. O ciúme é um sinal da existência do desejo. Em excesso, ele cria um círculo vicioso que é tóxico para o relacionamento: ciúme – desconfiança – medo ou raiva = mais ciúme. Na dose adequada, provoca reconhecimento e intensifica o desejo. Cuide do seu ciúme e do ciúme do seu parceiro. Peça que seu parceiro faça o mesmo. Dessa forma, o círculo desejo – ciúme – mais desejo irá potencializar seu relacionamento.

SAÚDE FÍSICA

1. PROGRAME SEU CÉREBRO PARA CUIDAR DO SEU CORPO

Cuidar do corpo físico é uma estratégia importante para viver mais e melhor. Por meio de instintos básicos que fazem parte da circuitaria cerebral desde o nascimento, o ser humano faz isso em situações de emergência.

O sistema imunológico trabalha de forma contínua, protegendo o corpo de micro-organismos nocivos à saúde, e hoje sabemos que o controle desse sistema, com ênfase no hipotálamo, está no cérebro.

O medo e a raiva são emoções primitivas e importantes para que a integridade do corpo seja garantida contra inimigos e adversários. Numa situação de ataque ou ameaça de agressão, como em um assalto, as amígdalas cerebrais e o hipotálamo são ativados. O sistema nervoso autônomo simpático é fortemente estimulado. A adrenalina é liberada e o indivíduo se torna um super-herói, capaz de fugir muito rápido da situação perigosa, paralisar se for mais prudente ou lutar com todas as forças. Temos pouco controle sobre isso, simplesmente acontece.

No entanto, há inimigos ocultos, como doenças físicas e mentais, que exigem outra forma de cuidado. Essa outra estratégia consiste em programar seu cérebro para adotar hábitos inteligentes e cuidar da sua saúde.

Para ajudá-lo a cuidar da sua saúde física e mental, desenvolvi o método "A.S.A.S.". Você pode assistir à explicação desse método no meu canal do YouTube. Cada letra da palavra ASAS tem um significado especial para ser lembrado: A = Atividade física regular, S = Sono reparador, A = Alimentação saudável e S = Sonhos e metas. Estes são os principais pilares do estilo de vida saudável. Organize sua mente para isso.

Abaixo, um *checklist* para ajustar seu comportamento com doze dicas da Organização Mundial da Saúde (OMS) para ser saudável:

1. Alimente-se de forma saudável.

2. Seja fisicamente ativo todos os dias.

3. Vacine-se.

4. Não fume nenhum tipo de tabaco.

5. Evite ou minimize o uso de álcool.

6. Controle o estresse para sua saúde física e mental.

7. Tenha boa higiene.

8. Não dirija em alta velocidade ou depois de ingerir bebida alcoólica.

9. Use cinto de segurança no carro e capacete se andar de bicicleta ou moto.

10. Faça sexo seguro.

11. Faça *check-up* de sua saúde regularmente.

12. O aleitamento materno é o melhor para os bebês.

Saúde física – método ASAS

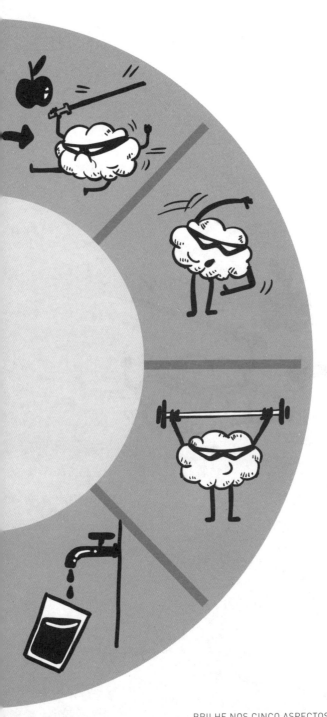

2. DESACELERE O ALZHEIMER SABENDO ESCOLHER O QUE VOCÊ COME

A Associação Brasileira de Alzheimer (ABRAZ) estima que 1,5 milhão dos habitantes do nosso país são portadores da doença de Alzheimer. No mundo, 47 milhões de pessoas têm algum tipo de demência. A perspectiva não é boa. Estima-se que, em dez anos, o número de indivíduos com Alzheimer seja de aproximadamente 70 milhões.

O depósito exagerado de duas proteínas, a beta-amiloide e a tau, produzem no cérebro os emaranhados de fibras e as placas que adoecem os neurônios e provocam a morte celular. Os hipocampos são especialmente atingidos pela doença. Essa estrutura cerebral é responsável pela memória.

Um trabalho científico publicado na *The Lancet Neurology*, em 2017, mostrou que um composto nutricional enriquecido com vitaminas B6, B12, C, ácido fólico, ômega-3, colina, uridina, antioxidantes, zinco, selênio e fosfolipídios (Souvenaid), quando ingerido diariamente por dois anos, é capaz de melhorar o desempenho funcional e reduzir a atrofia dos hipocampos.

A alimentação tem impacto na redução do Alzheimer, o que já foi observado com a dieta mediterrânea. A mudança e a suplementação nutricional não curam, mas quanto mais precoce a intervenção no desenvolvimento da doença, maiores são os benefícios para a pessoa. Então é importante saber escolher o que se come antes, ou mesmo durante a fase inicial da doença, denominada pré-demência, na qual surgem os primeiros sintomas, como alterações de memória, desorientação, dificuldade de expressão e mudanças de comportamento. Na ilustração abaixo, você vai perceber que pode utilizar a culinária brasileira e comer adequadamente para se proteger do Alzheimer.

3. BEBA CHÁ

Os componentes do chá verde, planta *Camellia sinensis*, são substâncias antioxidantes que estimulam o cérebro e o metabolismo, por essa razão são tão saudáveis.

O chá verde é termogênico, ajuda reduzir os níveis de colesterol no sangue e a queimar gordura. Dois copos de chá verde solúvel ao dia são suficientes. São os polifenóis que fazem bem para a saúde e recomenda-se a ingestão diária de 350 mg (o mesmo que 10g de chá solúvel em 200 mL de água, duas vezes ao dia). Estudo promissor com uma substância do chá pode inclusive turbinar o cérebro de pessoas com síndrome de Down.

4. O PODER DO JEJUM

Durante o jejum, o metabolismo do corpo muda para que seus estoques naturais de energia sejam utilizados e façam o organismo funcionar até que haja uma nova alimentação.

O fígado é o órgão chave nessa situação. Primeiro, transforma o glicogênio, estoque energético hepático, em glicose. Os músculos também depletam seus estoques de glicogênio para produzir glicose para o corpo. O tecido adiposo oferece ácidos graxos ao fígado, que cria corpos cetônicos que também servirão de energia quando a glicose for insuficiente para os músculos e para o cérebro.

Os praticantes do jejum falam que, depois de um tempo, conseguiram distinguir "fome" de "vontade de comer". A fome é algo instintivo, que surge quando os níveis de glicose caem no sangue e o estômago secreta grelina, uma questão metabólica. Vontade de comer é algo mais sofisticado e envolve memória do sabor dos alimentos e prazer na degustação.

Quem tem o hábito de jejuar fica mais focado e concentrado no dia a dia por dois motivos: o jejum faz com que mais noradrenalina seja produzida e liberada no corpo, e, no cérebro, essa substância promove mais atenção; e, como há menos gasto energético com o aparelho digestivo, sobra energia para o cérebro funcionar melhor.

Durante o jejum, é importante ficar atento com a hidratação e o gasto metabólico excessivo com atividades físicas, que devem ser evitadas na adaptação à sua prática como dieta. Acompanhamento médico e avaliação clínica por um nutricionista evitam complicações clínicas, como desnutrição, desidratação e desequilíbrios hormonais.

5. SITUAÇÕES ESPECIAIS – AVC, QUANDO UMA PARTE DO CÉREBRO PARA DE FUNCIONAR

Quando o sangue não chega mais no cérebro, neurônios morrem e perdas de habilidades neurológicas acontecem. Cerca de 85% dos casos de acidente vascular cerebral (AVC) são isquêmicos, com um vaso sanguíneo sofrendo obstrução, e os outros 15% são hemorrágicos, com um vaso sanguíneo rompendo dentro da caixa craniana.

A doença que mais mata no Brasil é o AVC, considerado principal exemplo de doença cerebrovascular. Dados do DATASUS de 2015: 3.013.228 mortes e 1.260.565 nascimentos; sendo 346.685 mortes por doenças circulatórias (99.728 mortes por AVC e 90.221 mortes por infarto agudo do miocárdio – IAM), 208.754 por câncer, 150.456 por causas externas e 149.069 por doenças pulmonares.

AVC isquêmico	AVC hemorrágico
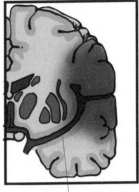	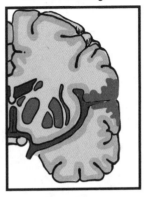
Um coágulo bloqueia o fluxo sanguíneo para uma área do cérebro	O sangramento ocorre dentro ou ao redor do cérebro

No mundo, a primeira causa de morte é o infarto agudo do miocárdio e a terceira, infecção pulmonar. A segunda causa é o AVC (derrame e outras doenças vasculares cerebrais). Em 2011, o número de mortes por AVC no mundo foi de 6,2 milhões (11,4%).

O derrame – nome popular do AVC ou acidente vascular encefálico (AVE) – é provocado pelo entupimento ou rompimento de vasos sanguíneos cerebrais. Os principais fatores de risco são idade avançada, hipertensão arterial (pressão alta), colesterol elevado, tabagismo e diabetes.

Grande parte do aumento na taxa dessas doenças em mulheres se deve aos maus hábitos de vida adotados atualmente. O exagero no consumo de alimentos industrializados, as poucas horas de sono, que podem levar à obesidade, o uso prolongado de hormônios sintéticos contidos no

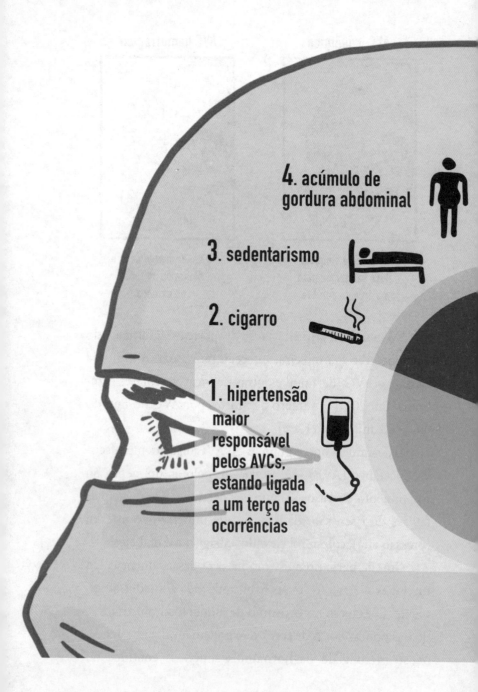

5. alimentação rica em gorduras e carboidratos

6. alto índice de gordura no sangue (colesterol e triglicerídeos)

7. diabetes

8. consumo excessivo de álcool

9. estresse e depressão

10. doenças cardíacas

anticoncepcional e, por fim, a vida sedentária com quase nenhuma prática de atividade física contribuem para a ocorrência do AVC nas mulheres.

Em 2015, os óbitos no Brasil por AVC foram de 49.829 em homens e de 49.883 em mulheres (DATASUS).

O AVC pode ser evitado com a adoção de hábitos saudáveis. As cinco principais dicas são: praticar atividade física regularmente, controlar o diabetes, controlar a hipertensão arterial, não ser tabagista, não ser alcoólatra.

Outra informação importante é identificar o AVC rapidamente, pois o tratamento imediato aumenta a sobrevida e diminui as sequelas. Lembre-se da palavra SAMU e ajude a quem precisar.

Após um AVC, o trabalho multidisciplinar de reabilitação pode contornar e reverter sequelas. A fisioterapia, a fonoaudiologia, a terapia ocupacional, a neuropsicologia e a musicoterapia oferecem exercícios que estimulam as ativi-

Aprenda os sinais de AVC, eles iniciam repentinamente

Sorria
Peça para dar um sorriso
BOCA TORTA

Abrace
Peça para elevar os braços
PERDA DE FORÇA

Música
Repita a frase como uma música
DIFICULDADE NA FALA

Urgente
LIGUE SAMU 192

Aja rápido. Tempo perdido é cérebro perdido

Fonte: adaptado de www.redebrasilavc.org.br

dades nas quais se apresentam dificuldades para que a neuroplasticidade aconteça mais rápido e com eficiência, ou seja, para que as áreas cerebrais preservadas possam assumir as funções perdidas no AVC.

SAÚDE FINANCEIRA

Para administrar melhor os próprios recursos financeiros, um ótimo ponto de partida é saber quais são as suas necessidades reais e como o cérebro se comporta para administrar essas demandas.

Na função de controlador do estoque de energia vital, o cérebro é quem decide a quantidade de energia a ser captada para que os sistemas do corpo funcionem. Este comportamento é influenciado por hormônios e neurotransmissores, substâncias químicas que atuam como drogas produzidas no próprio corpo. Como recompensa, esses compostos produzem uma sensação de bem-estar que ocorre ao final de cada refeição, chamada saciedade. Com os recursos financeiros, acontece um processo semelhante, porém com envolvimento de circuitos dos lobos frontais.

Parece óbvio e perfeitamente factível, mas para muitos indivíduos não é. São situações de chantagem: o mecanismo de recompensa, o circuito cerebral do prazer e neurotransmissores como dopamina e endorfinas. Essas substâncias oferecem bem-estar em troca de certos estímulos, e o estímulo pode vir de uma bela macarronada ou do ato de comprar roupas novas. Controlar esse mecanismo intuitivo e mudar os hábitos são ações difíceis, porque a mente é tentada com o prazer imediato. Mesmo assim, não é uma tarefa impossível.

Para colocar em prática, a ideia primária, que não pode ser esquecida, vem da matemática que você aprendeu na escola. Contas simples de soma, subtração, multiplicação e divisão devem ser aplicadas para racionalizar as questões de autocontrole. Simples assim: para ter dinheiro excedente, a conta no fim do mês deve ser sempre positiva.

Você precisa ganhar mais do que gasta, assim como, para não engordar, a quantidade de energia ingerida na alimentação não pode ser maior do que a energia que se gasta para viver. Economizar, controlar impulsos e moderar as vontades são ferramentas para realizar coisas muito interessantes na vida.

# NEURODICAS
PARA SAÚDE FINANCEIRA:

1. Para gastar menos do que ganha, o primeiro passo é saber o quanto entra e o quanto sai de dinheiro – e para onde ele sai. Isso pode ser feito com uma tabela bem simples, no computador ou mesmo no papel. Faça duas colunas. Em uma delas, anote seu ganho mensal; na outra, as despesas do mês. Se você nunca tentou, experimente por pelo menos três meses consecutivos antes de implementar qualquer plano de limitação de gastos. Se você já faz, observe o balanço dos últimos três anos. Com base nessas informações, identifique as despesas que podem ser cortadas e as que podem ser reduzidas. Não faça projetos ambiciosos demais: é melhor ter resultados mais modestos do que assumir compromissos que você sabe que é incapaz de cumprir.

2. Cuidado com as exceções. No limite do razoável, procure incluir algumas escapadas em seu planejamento. No caso do dinheiro, identifique despesas de longo prazo – uma viagem especial nas férias ou um *show* que você não quer perder de modo algum, por exemplo – e inclua a compensação desses gastos no balanço geral. Exceções-surpresa são muito perigosas, porque tendem a se tornar regra. Nosso cérebro entende que um padrão foi quebrado e, por consequência, não há mais padrão a ser obedecido.

3. Se você tem problemas de autocontrole financeiro, busque organizar a vida como um todo. Pessoas desorganizadas se esquecem de pagar contas e muitas vezes nem sabem onde as contas estão. Também mantêm despesas inúteis, muitas das quais nem se lembravam da existência – como

o título de um clube que, anos atrás, alguém a convenceu a comprar e cuja mensalidade está até hoje no débito automático. Se você vive no piloto automático com as contas, tome muito cuidado: o débito automático pode fazer com que você sequer confira as contas. Organize todos os documentos, boletos e títulos em arquivos (físicos e virtuais), mantenha uma agenda e consulte-a com regularidade. Não deixe contas vencerem e confira toda a papelada para detectar abusos de consumo e cobranças indevidas. Você vai ver que, só por fazer isso, a economia será substancial.

4. A questão do autocontrole se torna ainda mais complicada quando entram em cena outros agentes que desencadeiam processos neuroquímicos no cérebro. Certos vícios – como o jogo, o álcool, o tabaco, as drogas e o sexo compulsivo – atuam como parasitas no circuito do prazer. Funcionam como vírus de computador, atrapalhando o funcionamento normal do cérebro. Esses hábitos nocivos oferecem prazer imediato, por isso eliminá-los não é tarefa fácil. Para não cair nessas armadilhas, a melhor estratégia continua a ser manter distância delas. Portanto, evite e ensine a evitar. Se não conseguiu evitar, paciência. Só não tenha vergonha de procurar ajuda para sair. Todos temos fraquezas, e buscar auxílio não diminui ninguém.

5. Saúde é o estado de bem-estar biopsicossocial. Gerenciar seu corpo e seus recursos financeiros auxilia na promoção da saúde. Pense nisso. E, para compreender os mecanismos práticos de investimento, sugiro que dedique um tempo e estude os livros especializados no assunto.

LAZER

O lazer é um aspecto muito importante da vida, no entanto, ao atingir a vida adulta, quando as responsabilidades ficam mais sérias, sua relevância pode ser negligenciada e essa ponta da estrela ser esquecida. Na infância, o tempo para brincar é sagrado. Depois isso muda.

Saber se divertir e, principalmente, organizar o momento e a atividade é algo que só você pode fazer. Muitas pessoas classificam vícios como lazer. Fumar, beber, jogar compulsivamente, comer com exagero, comprar tudo que vê pela frente, fazer sexo desmedido. *Isso não é lazer.* São comportamentos que promovem distração, que acionam o circuito de recompensa cerebral, mas que cobram cada deslize pelo excesso cometido da sua saúde física, mental e financeira.

Lazer é representado pelas atividades que você faz com o objetivo de se divertir. É a brincadeira do adulto: realizar uma viagem planejada, praticar um esporte, assistir a um espetáculo ou a um jogo de futebol, ir ao cinema, passear num parque, ler um bom livro, conhecer novas culinárias. Enfim, tudo que misture curiosidade, diversão e entretenimento sem cobrança e sem pressão se caracteriza como um bom lazer.

Nos momentos de lazer, a vida pode ser contemplada, a criatividade é estimulada e o seu cérebro recarrega as energias.

O mundo adota o fim de semana e as férias como os períodos em que se pode desfrutar do lazer, mas não são exatamente essas as necessidades do seu cérebro. Incorpore no seu dia a dia momentos destinados ao lazer e procure se "desconectar" das preocupações enquanto seu cérebro estiver desfrutando.

NEURODICAS

1. Escolha pelo menos uma atividade divertida e a denomine de *hobby*. Pode ser corrida de rua, montar quebra-cabeça, pintar quadros, qualquer coisa que tenha significado para você. Mantenha-se informado sobre o assunto, conecte-se com pessoas que tenham o mesmo gosto e aproveite. Quando tiver outras vontades, mude de *hobby*.

2. Planeje os fins de semana e as férias. Falta de recursos, excesso de trabalho e pouca criatividade são os obstáculos naturais que você pode encontrar pela frente. Organize-se e encare a sua realidade. Estando emocionalmente preparado, qualquer passeio se transforma num superprograma.

3. Vá ao teatro, ao cinema, ao museu, ao zoológico. Saia para dançar, para conversar com os amigos, para conhecer gente nova. Independentemente do que faça, curta o momento antes de ir, durante a atividade e depois. Faça um balanço do quanto aquele tipo de atividade fez bem a você e gerencie as próximas escolhas. Gerenciar com sabedoria esse tempo da sua vida pode ser fácil, porque você tem total poder sobre isso, já que não é uma obrigação.

5

PARTE CINCO

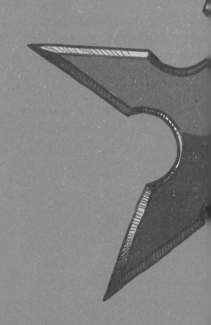

Coloque em
PRÁTICA
tudo o que aprendeu até aqui: o cérebro ninja

Chega de autossabotagem. Use 100% do cérebro a seu favor. Ative o que tem de melhor dentro de você

O cérebro ninja é um jeito especial de usar a sua mente. Tudo o que você leu e aprendeu até aqui será útil para aproveitar sua vida de forma plena, mais inteligente e completa, respeitando suas emoções e sua racionalidade.

Quando uma pessoa nasce, temos uma certeza sobre a sua vida no mundo físico: um dia vai acabar com a morte. Esse intervalo de tempo que temos conscientemente para experimentar o mundo é muito importante para nosso progresso.

Em 2017, quando entrevistei o físico quântico Amit Goswami, aprendi que a consciência é apenas uma das infinitas possibilidades de expressão do cérebro de uma pessoa e, por essa razão, precisamos *estar atentos aos pensamentos emocionais*. Eles têm o *poder de influenciar o corpo físico e a mente*, determinando saúde e doença. Felicidade ou tristeza: podemos escolher.

Vejo a *consciência* como o *ponto de contato entre o cérebro e a mente*, e o comportamento humano é a manifestação da consciência. Podemos mudá-lo por meio da nossa vontade. Quando o comportamento muda, de alguma forma a consciência também muda. A mente passa a funcionar diferente e o cérebro se transforma de verdade. Há o fortalecimento e a formação de novas sinapses entre os neurônios. Esse processo é conhecido como neuroplasticidade.

Os ninjas potencializavam suas habilidades físicas e mentais com muito treino e inteligência. Eles acionavam o cérebro para funcionar 100% a seu favor. Você também pode, basta querer e começar.

Use sua inteligência, dentro da ética, e realize seus objetivos. Seu circuito cerebral do prazer será estimulado com a liberação de dopamina e você se sentirá entusiasmado. Isso mostrará que você está no caminho certo.

Lembre-se: para usar 100% do cérebro a seu favor, observe a palma da sua mão e resgate instantaneamente os conceitos que aprendeu neste livro sobre o cérebro ninja e sobre a estrela shuriken de cinco pontas:

- ◇ São CINCO limites mentais positivos que você precisa dominar: foco, memória, criatividade, intuição e comunicação.
- ◇ São CINCO limites mentais negativos que você precisa superar: falta de motivação, baixa autoestima, ansiedade, estresse e vícios.
- ◇ São CINCO setores básicos da vida que precisam estar sempre ativos na sua mente, no formato de uma estrela que brilha: trabalho, família, saúde física, saúde financeira e lazer.

Memorize esse esquema e leve com você. Sua vida não será mais a mesma quando você incorporar as neurodicas nos seus hábitos. Use 100% do cérebro a seu favor, viva melhor e seja mais feliz.

ありがとう

Arigatô

Obrigado

NEURODICAS

1. Organize-se. Há dois momentos diferentes em que você pode usar 100% do seu cérebro. Numa situação de emergência ou no planejamento a longo prazo.

2. A totalidade (100%) do cérebro pode ser usada em algumas situações e por algum período de tempo. Escolha quando vai fazer isso e programe-se para descansar depois. É como fazer alguma coisa submerso numa piscina. Você terá liberdade de ação enquanto tiver fôlego – enquanto suportar a apneia. Depois de alguns minutos, será impossível não subir à superfície para respirar.

3. Para você dominar a potencialidade do seu cérebro em determinado evento, esteja ciente de que é preciso estar emocionalmente controlado. Quando acontece uma emergência real ou virtual, o piloto automático do cérebro – sistema nervoso autônomo – entra em ação e você terá pouco poder de controle, e lhe restará apenas administrar o pós-evento. Por exemplo, se você for assaltado e ficar muito nervoso na hora, três coisas poderão acontecer se você não estiver no controle emocional do seu cérebro: reagir, fugir ou fingir de morto.

4. Use a tecnologia a seu favor. Se você adora e reconhece ser dependente do seu smartphone, nas situações que precise realizar uma prova, por exemplo, mantenha-o em outro ambiente enquanto aciona o seu cérebro ninja. Uma pesquisa norte-americana mostrou que alunos universitários tiravam notas melhores quando o aparelho celular ficava numa sala vizinha; quando o telefone ficava em cima da mesa ou dentro do bolso, mesmo com os sistemas de alertas desligados, as notas eram piores.

Neurodicas extras

HÁBITOS SAUDÁVEIS

Acordar, trabalhar, estudar, comer e dormir são alguns hábitos que, apesar de simples e quase automáticos, também precisam ser feitos com inteligência.

1. Qual a real importância de dormir bem?

O sono é a sua parada obrigatória, é o descanso para o corpo e para o cérebro.

Enquanto dormimos, o cérebro passa por um padrão de funcionamento ativo, mas sem o contato consciente com o ambiente. Isto é, o subconsciente vai passar por vários estágios, nos quais tanto o corpo como o cérebro poderão se restabelecer para o próximo dia.

Nesse período, com o corpo na posição horizontal, o equilíbrio neuroquímico é alcançado e as experiências vividas durante o dia podem ser fixadas em circuitos de neurônios cerebrais, consolidando a memória. Por isso é tão importante dormir.

São necessárias de seis a oito horas por noite para manter esse equilíbrio bioquímico do corpo. Em certas situações, pode-se ter menos sono, sem prejuízo para o organismo, já que há pessoas que dormem menos porém conseguem restabelecer o equilíbrio físico e mental normalmente.

Mas o fato é que dormir pelo menos seis horas e meia por noite evita a sonolência excessiva durante o dia e reduz o risco do declínio cognitivo por mais dez anos.

Algumas dicas podem ajudá-lo a dormir melhor:

✧ Execute alguma atividade física por trinta minutos durante o dia.

✧ Tenha uma alimentação mais leve, que exija menos do aparelho digestivo, com pouca proteína e pouco carboidrato no período da noite.

✧ Evite os estimulantes, como café, chocolate e bebidas alcoólicas pelo menos duas horas antes de deitar.

✧ Reduza as atividades mentais no final do dia; em especial, fique livre dos aparelhos eletrônicos pelo menos uma hora antes de ir para cama.

Respeite os limites do seu cérebro e, assim, seu corpo vai funcionar melhor no dia seguinte!

2. Música faz bem para o cérebro?

Provavelmente você já ouviu uma música que lhe trouxe boas ou más lembranças. Isso acontece porque há conexão direta da música com o sistema límbico, o circuito cerebral responsável pelas emoções.

Um ritmo pode evocar emoções positivas e sentimentos confortáveis, sensação agradável da autoafirmação e remeter os bons pensamentos e desejos.

A música assimilada com bom significado é um reforço positivo para o circuito neural do prazer, localizado no circuito mesolímbico dopaminérgico do cérebro. Por isso, tocar, cantar ou simplesmente escutar uma música especial para você pode ser o caminho voluntário mais poderoso, rápido e direto para aliviar o estresse e melhorar o funcionamento cerebral.

A conexão da música ouvida com o circuito cerebral responsável pelas emoções ocorre por meio da memória. Nesse contexto, podemos dividir a memória em coletiva, dada pela cultura na qual se está inserido, e individual, própria das experiências pessoais que cada cérebro adquiriu durante a vida.

Estudos científicos atuais apontam que a música diminui os níveis de ansiedade e estresse. Para que os ritmos funcionem como remédio sem contraindicações, é importante que você:

1. Faça uma lista das músicas mais importantes da sua vida, separe as emoções positivas que cada música evoca na sua memória e acesse-as quando quiser.

2. Aplique essa estratégia e, quando estiver diante de uma situação desagradável, escute a música com a emoção oposta quantas vezes forem necessárias.

3. Crie um referencial positivo, associando um sentimento bom à música. Assim você estará voluntariamente criando sua "farmácia musical" particular.

3. As cores têm mesmo influência no nosso dia a dia?

Você consegue imaginar como seria o mundo em preto e branco? Já se perguntou por que alguns restaurantes utilizam a cor vermelha nos logos e até dentro das lojas? E por que as paredes de quartos costumam ser em tons de branco? De fato, os tons podem nos agradar ou não e até definir nosso estado de espírito e humor. Mas, afinal, como será que as cores podem influenciar no dia a dia?

Essas alterações e interferências acontecem logo depois que os olhos recebem a informação, e rapidamente transmitem para o cérebro, provocando as reações e processando os estímulos emocionais. Isso acontece porque as diferentes tonalidades têm a capacidade de ativar áreas cerebrais relacionadas à emoção e aos sentimentos.

Embora esses sentimentos sejam subjetivos, algumas percepções são universais, e nosso cérebro trabalha com o sistema de recompensas. As cores podem estar ligadas a uma memória de algo que foi ou não prazeroso. Vamos mapear como o cérebro reage a cada cor e entender esse processo.

As cores claras, como os tons de azul-claro e branco, provocam a sensação de frescor e higiene. Podem ser usadas, por exemplo, em quartos e banheiros.

As cores mais fortes, como o vermelho, provocam o sistema de recompensa que pode ser respondido pelo prazer e pela necessidade de repetição da experiência prazerosa, capaz de estimular a mudança, a expansão e o dinamismo. Ativam ainda a amígdala – uma estrutura do cérebro ligada ao prazer, à emoção e ao consumo. São as mais vistas em ambientes ligados ao consumo, como lojas e restaurantes.

Já como estímulo à criatividade, é comum nos ambientes de trabalho o uso da cor laranja, relacionada à ação, ao entusiasmo e à força.

Brinque com a aquarela, escolha uma paleta de tons que possam tornar o seu dia a dia mais prazeroso e abuse deles.

4. Como organizar o ambiente físico e refleti-lo no mental

O cérebro humano é um excelente poupador de energia. Econômico, ele é muito consciente de que seu bom funcionamento está diretamente relacionado com a presença dos recursos energéticos, como glicose e oxigênio, provenientes do sangue. O cérebro organiza isso utilizando a capacidade de aprender e memorizar os processos. Para aumentar a performance neural e catalisar a execução de qualquer processo, o cérebro também precisa economizar energia, para gastar quando e com o que realmente for necessário.

Por exemplo, depois que você aprende a unir letras e sílabas, seu cérebro economiza energia na hora de escrever e só se preocupa com o que realmente importa: o conteúdo e a coerência do texto. Manter os ambientes organizados entra em sincronia com esse mesmo princípio do funcionamento cerebral.

A organização dos ambientes físicos (como a casa, o quarto, o escritório, o carro, os armários e o ambiente de trabalho, assim como a agenda de atividades, os arquivos no computador pessoal e até a lista de contatos no telefone celular ajuda o cérebro a poupar energia para encontrar coisas e deixa espaço para realizar as tarefas.

Com tudo organizado, é possível ainda retardar o aparecimento e a manifestação de doenças degenerativas, como o Alzheimer, e melhorar o desempenho mental das crianças com hiperatividade e déficit de atenção.

Obviamente, o controle obsessivo de tudo à nossa volta pode diminuir a ocorrência de muitos eventos casuais, que estimulam a curiosidade, as novas experiências e a criatividade – coisas que o cérebro adora! Mas o fato é que crianças na fase escolar e adultos na execução do seu trabalho têm melhor performance intelectual em ambientes organizados. Por isso, o segredo é manter uma vida em ambientes organizados, mas permeados por contato com atividades livres na natureza. O objetivo é sempre o mesmo: a economia energética do cérebro.

5. Leitura: o melhor exercício mental

Basta passar o olhar de uma linha para a outra e pronto: seu exercício mental diário está feito apenas com um livro na mão, sem qualquer contraindicação. Essa atividade mental, além de não deixar que seu cérebro atrofie, ainda o mantém afiado.

Pela via neural da visão, os lobos occipitais interpretam as palavras e os símbolos gráficos, fazendo conexões frontoparietais que criam a percepção emocional do texto. Dessa forma, o sistema límbico é acionado, estimulando a criatividade de imaginar cores e formas das histórias, além de memorizar no hipocampo o que está sendo lido. Dentro dos lobos frontais, a imaginação vai tomando conta da sua mente. Aí, é só deixar o pensamento fluir.

A leitura cria novas ligações neurais e abre caminho para que as informações entrem com mais facilidade no cérebro. Ela é capaz de mexer com várias regiões cerebrais ao mesmo tempo, já que, além de estimular, o conteúdo lido agrega conhecimento e vocabulário à biblioteca que carregamos dentro de nossa cabeça.

6. Por que não esquecemos como andar de bicicleta?

Alguns aprendizados são mesmo para sempre. Mesmo que você passe anos e anos sem subir em uma bicicleta, nunca vai se esquecer de como se faz. Isso é natural, já que a resposta está dentro do seu cérebro.

Funciona assim: no momento em que se reaprende algo, ou seja, na segunda vez que subimos em uma bicicleta, ainda restam as habilidades armazenadas. Assim, quando tentamos andar novamente sobre as duas rodas, mesmo depois de muito tempo, as conexões cerebrais buscam informações da primeira vez em que a ação foi aprendida. E isso é feito em questões de microssegundos, sem que a gente consiga perceber.

Apesar de não conseguirmos nos lembrar de tudo o que acontece, o sistema nervoso apresenta, como principal característica, o armazenamento de informações, mas possui uma regra do que é essencial ou não. Atividades como dançar, tocar um instrumento, escrever, dirigir e andar de bicicleta são entendidas pelo cérebro como importantes para a nossa vida. Por isso, ficam armazenadas em outro tipo de sistema, chamado extrapiramidal, localizado nos gânglios da base e no cerebelo – parte responsável pelo controle do tônus muscular, do equilíbrio e dos movimentos voluntários. Assim, eles são um conhecimento que surge de forma inconsciente quando a pessoa necessita utilizá-los.

Isso não acontece apenas com atividades motoras, mas também com questões emocionais – regidas pelos comportamentos e pela personalidade. Quando surge um problema, o cérebro faz conexões automáticas que, inevitavelmente, nos fazem agir num padrão específico. A repetição cria uma regra, sempre utilizada de forma automática.

7. O efeito da TPM no cérebro e como minimizá-lo

Todas as mulheres estão sujeitas à Tensão Pré-Menstrual, e é difícil escapar. Segundo dados do Ministério da Saúde, cerca de 70% delas sofrem com algum grau de TPM.

Irritabilidade, variação de humor, ansiedade, dores de cabeça e até quadros depressivos, comuns nessa fase, se concentram no cérebro. A explicação é biológica: o nível de progesterona no organismo cai drasticamente e provoca o desequilíbrio emocional. O resultado? Sensações físicas e sentimentais desconfortáveis.

Podemos dizer que as mulheres são controladas pelo ciclo e os donos do temperamento delas são os hormônios. Todos os meses, quando a menstruação termina, inicia-se a produção de estrógeno, que chega ao extremo por volta do 14º dia do ciclo. Quando ele começa a cair, a produção de progesterona começa a aumentar. Enfim, quando chega a menstruação, os dois hormônios ficam praticamente inoperantes – é só nessa hora que as emoções tendem a voltar ao controle.

Tamanha oscilação normalmente tem uma fuga rápida: no chocolate – o que não é uma boa ideia justamente porque os níveis de serotonina já estão em queda, e a alta ingestão de açúcar só tende a piorar o quadro. Mas acalme-se. Com a mesma intensidade com que os sintomas surgem, eles tendem a desaparecer em até dois dias depois da menstruação. Ainda assim, é possível amenizar e controlar esses incômodos.

A atividade física é uma boa saída para driblar os inconvenientes. A liberação da endorfina – hormônio do bem-estar – proporcionada pelos exercícios físicos auxilia no relaxamento e estimula o processo da respiração – que ajudam a controlar o estresse comum desses dias.

É importante dar atenção ao ciclo, sem deixar que ele atrapalhe e comande as emoções. Em casos de fases da vida mais complicadas ou conturbadas, os níveis de serotonina também já estão mais baixos – o que favorece a TPM. Mesmo assim, se esses sintomas persistirem depois que as alterações hormonais se regularizarem, pode ser sinal de doença psíquica, como depressão, ou crônica, como a enxaqueca.

8. Alimentação: qual é o combustível para o cérebro?

O cérebro é formado por 86 bilhões de neurônios que se comunicam por sinapses, transmitindo impulsos elétricos. Para que funcionem em perfeita ordem, é preciso não apenas alimentar a massa cinzenta, mas também equilibrar o prato.

Vamos dividir a alimentação em seis importantes grupos, para que fique mais fácil entender.

1. Os líquidos, como chás e água, são responsáveis por promover a estabilização da circulação sanguínea e, assim, transportar os nutrientes para o cérebro.

2. Os carboidratos de cereais integrais e vegetais fornecem a energia essencial para manter as sinapses em funcionamento.

3. O ferro, presente na carne vermelha, na aveia, no espinafre e nos grãos, é responsável por transportar o oxigênio, pois constitui a hemoglobina carregada pelos glóbulos vermelhos na corrente sanguínea de todo o corpo.

4. O cálcio conduz os sinais neurais e pode ser encontrado no leite e em seus derivados, em nozes, nas verduras, no figo e na farinha de aveia.

5. Já o zinco está presente nos ovos, nos peixes e nos pães e ajuda a manter a memória e a concentração.

6. Os ácidos graxos insaturados e o ômega 3 dos peixes de águas frias, de nozes e de óleos de milho e de soja são os que fazem a formação da membrana celular dos neurônios.

Insira todos os dias essas seis divisões nas suas refeições e alimente o seu cérebro. Lembre-se de que comemos para viver, e não vivemos para comer. Esta é uma boa mentalização para não se viciar em comida e evitar os períodos prolongados de jejum. Coma menos, mas coma em intervalos regulares de três em três horas. Isso garante os níveis estáveis de glicose no sangue, o que representa combustível para o cérebro. Assim, é possível ter bom humor, concentração, paciência e agilidade mental.

9. Atividade física faz bem para a mente?

Segundo dados do Ministério da Saúde, mais da metade da população está acima do peso. Isso não é uma questão estética. Junto com os maus hábitos alimentares, a falta de atividade física é um dos grandes fatores que levam ao sobrepeso.

Além dos inúmeros benefícios que uma atividade física promove ao organismo, a melhora pode ser percebida também pelo cérebro. Enquanto o corpo se mexe, o fluxo sanguíneo cerebral aumenta e ajuda na liberação de endorfinas, provocando bem--estar e analgesia. Isso ocorre porque essas substâncias liberadas são capazes de estimular o circuito neural do prazer e promover melhora da memória por estimular o hipocampo.

O corpo em movimento diminui o estresse e funciona como uma válvula de escape natural para a tensão física e emocional que se acumula nos músculos. A atividade física pode ser considerada um analgésico natural que aciona o circuito de neurônios do prazer pela liberação de endorfinas, promovendo ainda o bem--estar e reduzindo todas as sensações de dores no corpo.

Quando encontramos prazer em uma atividade, temos facilitada a entrada no cérebro do aminoácido triptofano, o precursor do neurotransmissor serotonina – que protege da depressão.

Além disso, a atividade física estimula o surgimento de novos neurônios numa região específica do cérebro responsável pela memória para coisas novas, o hipocampo.

Mexa-se de alguma forma. Boicote os elevadores, escadas rolantes e automóveis sempre que puder. Escolha a modalidade esportiva que mais o agrade e pratique. Trinta minutos, três vezes por semana, são suficientes. Marque uma data para começar e incorpore à sua agenda. O importante é adquirir o hábito e se exercitar sempre!

PENSAMENTOS E EMOÇÕES

Milhares de pensamentos e emoções pairam sobre as mentes todos os dias, mas é essencial entender exatamente o que acontece dentro da cabeça para colocar tudo a favor da rotina. Conhecer os dotes, controlar os pensamentos, entender a fé e as sensações podem fazer a vida ser mais fácil.

10. Como é possível controlar os pensamentos?

Tudo o que é positivo melhora a qualidade de vida e promove tranquilidade, mas nem todos os dias são bons para todos. O desânimo, as preocupações, a ansiedade e os problemas aparecem quase que diariamente, mas, entendendo seu cérebro e compreendendo o que lhe faz bem, fica muito mais fácil encarar as dificuldades e controlar o que se pensa.

Começando então pelos pensamentos, é possível afirmar que os positivos fazem com que o seu cérebro fique mais preparado para receber novidades e boas notícias. Quando estamos otimistas, conseguimos despertar a nossa mente para novos planos e abrir, assim, novas possibilidades e soluções. A explicação é muito racional: o bem atrai o bem e faz minimizar o tamanho do problema; dessa maneira, fica bem mais fácil encontrar a solução. O que ocorre é que os pensamentos positivos – processados pelos lobos frontais no cérebro – acionam as funções executivas, como automonitorização, autorregulação, planejamento, avaliação e resolução de problemas.

Entenda que os pensamentos negativos funcionam como verdadeiras armadilhas para a nossa mente e confundem o modo prático e racional de pensar. E saiba que, mesmo nas piores situações, sempre há um caminho para encontrar a positividade, e esse caminho é mais fácil do que você imagina: está dentro da sua cabeça e só depende de você!

Referências Bibliográficas

ALEXANDER, E. *Uma prova do céu*. Rio de Janeiro: Editora Sextante, 2013.

ANSELL, EB; RANDO, K; TUIT, K; GUARNACCIA, J; SINHA, R. "Cumulative adversity and smaller gray matter volume in medial prefrontal, anterior cingulate, and insula regions". *Biological Psychiatry* 72, n. 1, pp. 57-64, jul. 2012.

AU, TK. "Children's use of information in word learning." *Journal of Child Language* 17, n. 2, pp. 393-416, jun. 1990.

CHOUINARD, MM. "Children's questions: a mechanism for cognitive development". *Monographs of the Society for Research in Child Development* 72, n. 1, pp vii-ix, 1-112, discussão 113-126, 2007.

DAMSTRA-WIJMENGA, SM. "The memory of the new-born baby". *Midwives Chronicles* 104, n. 1238, pp. 66-9, mar. 1991.

DE BOER, A; VAN BUEL, EM; TER HORST, GJ. "Love is more than just a kiss: a neurobiological perspective on love and affection". *Neuroscience* 201, pp. 114-124, jan. 2012.

DIEKHOF, EK; GRUBER, O. "When desire collides with reason: functional interactions between anteroventral prefrontal cortex and nucleus accumbens underlie the human ability to resist impulsive desires". *The Journal of Neuroscience* 30, n. 4, pp. 1488-93, jan. 2010.

DIEKHOF, EK; KEIL, M; OBST, KU; HENSELER, I; DECHENT, P; FALKAI, P; GRUBER, O. "A functional neuroimaging study assessing gender differences in the neural mechanisms underlying the ability to resist impulsive desires". *Brain Research*, 1473, pp 63-77, set. 2012.

FURLANETTO, T; CAVALLO A, MANER V, TVERSKY B, BECCHIO C. Through your eyes: incongruence of gaze and action increases spontaneous perspective taking. Front Hum Neurosci. 2013 Aug 12;7:455.

GARDNER, H. *The Shattered Mind*. Londres: Vintage, 1976.

GOLEMAN, D. *Foco a atenção e seu papel fundamental para o sucesso*. São Paulo: Companhia das Letras, 2013.

_____. *Inteligência emocional*. Rio de Janeiro: Editora Objetiva, 1997.

HORSTMAN, J. *24 horas na vida do seu cérebro*. Rio de Janeiro: Duetto Editorial, 2010, p. 15.

HUSTON, TL; CAUGHLIN, JP; HOUTS RM; SMITH, SE; GEORGE, LJ. "The connubial crucible: newlywed years as predictors of marital delight, distress, and divorce". *Journal of Personality and Social Psychology*. 80, pp. 237-52, fev. 2001.

JOBIM, N. "Um dom de gênio". *Superinteressante*, out. 2016. Disponível em: <https://super.abril.com.br/ciencia/um-dom-de-genio/>

KATZ, L. C.; RUBIN, M. *Mantenha o seu cérebro vivo*. Rio de Janeiro: Sextante, 2000.

KANDEL, E. R. *Principles of Neuroscience*. 5 ed. Nova York: McGraw-Hill Education, 2012.

KREMS, JA; DUNBAR, RI. "Clique size and network characteristics in hyperlink cinema. Constraints of evolved psychology". *Human Nature* 24, n. 4, pp. 414-29, dez. 2013.

Libet, B. "The neural time factor in conscious and unconscious events". Ciba Foundation Symposium, 1993. 174:123-37, discussão 137-46. Disponível em: <http://www.ncbi.nlm.nih.gov/pubmed/8391416>

Lopes, R J. "Por que as baleias têm cérebro tão grande?". *Superinteressante*, out. 2016. Disponível em: <https://super.abril.com.br/ciencia/por-que-as-baleias-tem-cerebro-tao-grande/>

Machado, A.; Haertel, LM. *Neuroanatomia funcional.* 2 ed. Rio de Janeiro: Editora Atheneu, 2013. p. 14

Maclean, P. *The Triune Brain in Evolution: Role in Paleocerebral Functions.* Nova York: Springer, 1990.

Meinz, EJ; Hambrick, DZ. "Deliberate practice is necessary but not sufficient to explain individual differences in piano sight-reading skill: the role of working memory capacity". *Psychological Science* 21, n. 7, pp. 914-9, jul. 2010.

Miller, G. A. "The magical number seven, plus or minus two: Some limits on our capacity for processing information". *Psychological Review.* v. 63. pp. 81-97, 1956.

Moody, R. *A vida depois da vida: relatos de experiências de quase-morte.* São Paulo: Butterfly, 2006.

Nooryan, K; Gasparyan, K; Sharif F, Zoladl M. "Controlling anxiety in physicians and nurses working in intensive care units using emotional intelligence items as an anxiety management tool in Iran". *Int J Gen Med* 5, pp. 5-10, 2012.

Pearce, E; Wlodarski, R; Machin, A; Dunbar, RIM. "Variation in the β-endorphin, oxytocin, and dopamine receptor genes is associated with different dimensions of human sociality". *Proceedings of the National Academy of Sciences of the United States of America* 114, n. 20, pp. 5300-5, 2017.

Pearce E, W R, M A, Dunbar RIM. Variation in the β-endorphin, oxytocin, and dopamine receptor genes is associated with different dimensions of human sociality. Proceedings of the National Academy of Sciences of the United States of America. 2017;114(20):5300-5305.

PINTO, FCG. *Neurociência do Amor.* São Paulo: Editora Planeta, 2017.

_____. *Você sabe como seu cérebro cria pensamentos?* São Paulo: Segmento Farma Editores, 2012. p. 14.

_____. Hidrocefalia de Pressão Normal – do reconhecimento da doença ao tratamento multiprofissional. São Paulo: Segmento Farma Editores; 2012.

_____. Misteriosamente sem segredos. São Paulo: Segmento Farma Editores, 2012.

QUERLEU, D; RENARD, X; VERSYP, F; PARIS-DELRUE, L; CRÈPIN, G. "Fetal hearing". *European Journal of Obstetrics, Gynecology, and Reproductive Biology* 28, n. 3, pp. 191-212, jul. 1988.

SCHIFFMAN, SS. "Taste and smell losses in normal aging and disease". *JAMA* 278, n. 16, pp. 1357-62, out. 1997.

SOININEN, H et al. "24-month intervention with a specific multinutrient in people with prodromal Alzheimer's disease (LipiDi-Diet): a randomised, double-blind, controlled trial". *The Lancet Neurology* 16, n. 12, pp. 965-75, dez. 2017.

SWANSON, HL; BERNINGER, VW. "Individual differences in children's working memory and writing skill". *Journal of Experimental Child Psychology* 63, n. 2, pp. 358-85, nov. 1996.

TAMIR, DI; MITCHELL, JP. "Disclosing information about the self is intrinsically rewarding". *Proceedings of the National Academy of Sciences of the United States of America* 109, n. 21, pp. 8083-43, maio 2012.

WICKMAN, FORREST. "Quantos megabytes o cérebro humano consegue processar?". *The New York Times, O Estado de São Paulo,* maio 2012. Disponível em: < http://www.estadao.com.br/noticias/geral,quantos-megabytes-o-cerebro-humano-consegue-processar-imp-,869196>

Este livro foi composto em Adobe Garamond e Sofia Pro Soft e impresso
Gráfica Santa Marta para a Editora Planeta do Brasil
em setembro de 2018.